JN207524

食の属国日本

命を守る農業再生

鈴木宣弘
Suzuki Nobuhiro

三和書籍

はじめに

食料・農業・農村の「憲法」たる農業基本法が二五年ぶりに改正された。

基本法の見直しをここで行う意義とは何だろうか。

コロナ禍による物流停止や中国の爆買い、ウクライナ戦争、連続する異常気象などによって、世界的な食料危機がいつ起こってもおかしくない状況が続いている。

しかも、こうした世界的な食料需給情勢の悪化に対応しなければならないはずの国内農業は疲弊しきっているのだ。

今、このときに我々が基本法をあらためようというのも、こうした情勢下で不測の事態にも国民の命を守れるよう、国内生産への支援を早急に強化し、国民が必要とし、消費する食料をできるだけ国内で生産する（国消国産）ために、食料自給率を高める抜本的な政策を打ち出すためだ、と考えられる。

食料安全保障の要となるものとは何か。

食料自給率をどう捉えるか。また、その目標とする自給率実現の具体的な方策がどのように打ち出されているか。

なぜ、日本の農業はここまで疲弊してしまったのか、そして、その農家の窮状を改善する具体的な手立てが考えられているか。

実際の新基本法は、これら多くの課題に十分に応えてくれるものとなっているだろうか。


それが十分でないものであったにしても、我々はそこから、すなわち、今置かれている厳しい現状から歩きださなければならない。

そのために、本書は、新基本法を手がかりとして、我々が直面しているさまざまな危機的状況をあらためて理解し、日本の農業が抱えるさまざまな問題の深層を把握する機会としたい。

厳しい現状を認識したうえで、その現状を新しい法整備がどれほど変えられるものなのか、もしも足りないところがあるとすれば、どこをどう変えていくべきなのか、それを見定めていかなければならない。

新型コロナのパンデミックが収束し、インバウンド（外国人観光客）の往来が復活して街は活気を取り戻している。コロナによって到来した異常な世界を、「喉元過ぎれば熱さを忘れる」と言わんばかりに忘れてはいけない。

それに、そもそも消費者も、「農家は大変だよね」と人ごとのように言っている場合ではない。

食料危機が起こり海外からの輸入が滞り、疲弊した国内の農業が食料増産に応じる余力もないとなれば、いざというとき食べるものがなくなり、困り果てるのは自分たち自身だからだ。

農業問題は農家の問題を越えて、消費者自身の問題なのである。

今こそ認識しないといけない。少々コストが高くても、国内で頑張っている農家を支え合うことこそが、自分たち、子どもたちの命を守る一番の安全保障なのだと。

つまり、我々自身に何ができるかが問われている。

改正基本法に寄り添いながら、我々の食と我々の国を守るために何が重要なのか。何が欠かせないものなのか、そして、我々にこれからできることを考えていく。

鈴木宣弘

二〇二五年大寒

目次

第七章 田んぼ「潰し」に七五〇億円

装幀　吉名　昌（はんぺんデザイン）　編集協力　五十畑茂　図版作成　小川潤二

第一章　今、何が求められているのか

♣農村が消えていく…⁉

最初に、我々の食を支える日本の農業が今、どのような厳しい環境条件の中に置かれているか、それを確認しておきたい。

また、食料危機の引き金となりうる、世界の混迷した食料状況も見ておく。改正された農業基本法は、これらの「すぐそこにある危機」にも対応するべくまとめられたものであるはずだが、基本法の提示する新しい政策がそれらの危機に本当に対応できるものであるのか、それも合わせて各章を通じて検討していくつもりだ。

まず一つめ。知れば知るほど胸が詰まるような思いになるのだが、それでも、現在の農家の苦境から始めなければならない。

農業従事者の平均年齢は、六八・七歳（二〇二三年）。あと一〇年もすれば、農業の担い手が極端に減少し、農業・農村が崩壊しかねないことが懸念されている。全国の農村を回っていると、多くの地域で高齢化が進み、後継ぎのいない農家ばかりの過酷な現状が浮かび上がってくる。

図1　集落営農組織Aの構成員の状況（2018年）

構成員	年齢	就農状況	個別経営作目	後継者
A	68	○	さくらんぼ	無
B	71	○	大豆	無
C	64	○	大豆、枝豆、さくらんぼ	有
D	61	○	枝豆	無
E	71	×		無
F	75	○	枝豆	無
G	75	○	さくらんぼ、枝豆	無
H	69	○	さくらんぼ、枝豆	無
I	65	×	さくらんぼ	無
J	69	○	枝豆、さくらんぼ	無
K	66	○	枝豆	無
L	75	○	枝豆	無
M	70	○	枝豆	無
N	70	×		無
O	71	○	枝豆	無
P	75	○	枝豆	無
Q	62	×		無
R	65	×		無
S	63	○	枝豆	有
T	69	○	大豆	無
U	67	○	大豆、枝豆、アスパラガス	無
人数計	21名	16名		有＝2

二〇一八年における東北地域の優良な集落営農組織のケース（図1）を見てみよう。

優良といっても、すでに平均年齢が七〇歳近くで、総高齢化が進んでいる。ごらんのとおり、表には六〇歳代がズラリと並ぶ。そのうち後継者がいるのは二一軒中二軒だけである。一〇年経ったら、この地域で農業が続いているかどうか。どう見ても存続できなくなる

図２　１時間当たり所得の比較

（円）

年	農畜産業	法定最低賃金	30人以上企業	女子非常勤（10人以上企業）
1980	489	532	1608	492
1990	654	515	2293	712
2000	604	657	2472	889
2010	665	730	1983	979
2017	961	848	1981	1074

出所：荏開津典生・鈴木宣弘『農業経済学　第５版』（岩波書店・2020年）

のではないかと思われる。

後継者の確保を難しくしている要因の一つが、収入の問題だ。

図2のように、農家の所得を時給（一時間当たり所得）に換算すると、二〇一七年で、平均九六一円。やっと、当時の最低賃金（全国加重平均で八四八円）を超える程度である。

機械作業などを受け持つ基幹的作業従事者の年収がせいぜい二〇〇万円程度しかなく、次の担い手がなかなか見つからないとのことだ。

この調査から八年が経ち、その後も、肥料、飼料、燃料などの生産資材の暴騰が農家を直撃している。直近のデータはまだないが、事態が急速に悪化していることは容易に予想できる。

現在の農業従事者の平均年齢を考慮すれば、

図３　主な生産資材価格及び農産物価格の推移

出所：JA 全中

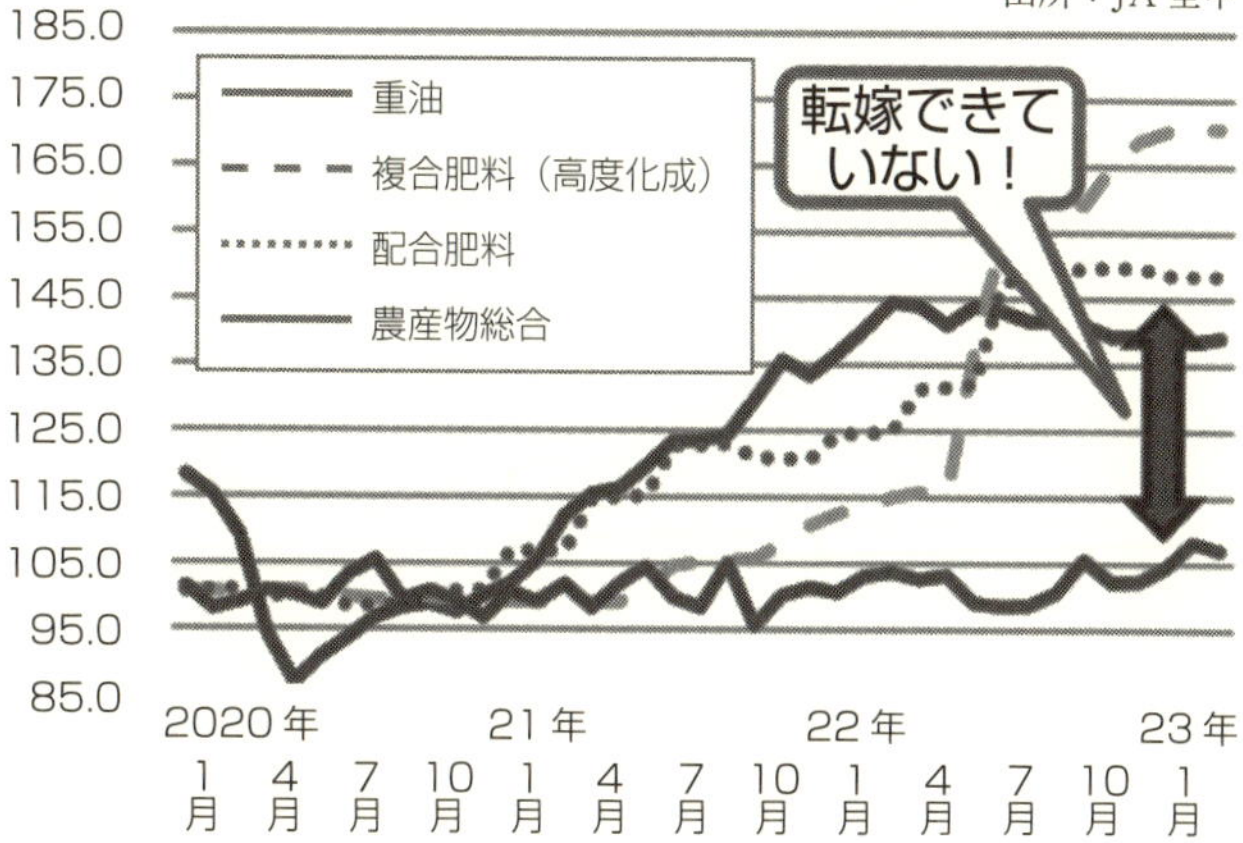

これから一〇年後の農村崩壊リスクは、さらに加速して、早まりつつある可能性がある。このような農村集落が全国的に激増するだろう。

今も触れたとおり、国内農業の生産コスト、すなわち、肥料、飼料、燃料などの生産資材費用は急騰し続けている。にもかかわらず、それを農家はコストに反映できず、農産物価格は低いままで抑えられているのだ。

上の図3を見ていただければ、生産資材のコストと、農産物価格の開きが大きいことは一目でわかる。もしもこの状況で、政府などが何も手を差し伸べなければ、農家は作物を作れば作るほど、赤字になるということだ。

赤字に苦しみ、コメ農家も酪農家も廃業が続く。ものすごい勢いで国内農業が壊滅しかねない状況に追い込まれているのだ。

なぜ、農業従事者の収入が上がらないのか。なぜ、農家はコスト高を価格に反映できないか。それぞれ、理由がある（その理由については、第四章で検討する）。

さらに、日本を取り巻く困難な状況を見ておこう。

♣物流停止が教えてくれたこと

我々は、食料危機がいつ起こってもおかしくない時代に生きている。食料危機はすぐ間近に迫っている。というより、もうすでに始まっているといっても過言ではない。

食料はいつでもお金を出せば輸入できる。少し前までは、それがもっともまっとうな食料安全保障かのように言われてきた。しかし現代では、そんなのんきな話は通用しなくなってしまった。

こうした厳しい状況を生み出した四つの要因がある。

私は、それを「クワトロ・ショック」と呼んでいる。その四つとは、

第一　コロナ禍による物流停止

第二　中国の爆買い
第三　ウクライナ戦争
第四　異常気象の頻発

それぞれについて解説しておく。

第一　コロナ禍による物流停止

二〇二〇年、新型コロナウイルス感染症によるパンデミックが発生。世界中の物流に大きな影響を与えた。

世界各国で農作物の作付けや収穫、運搬が滞ることになった。その影響はいまだに尾を引いているといってよい。

食料の輸出入はコンテナ船やバラ積み船などで行われるが、世界中の港において、コロナ禍によって港湾作業が滞る事態が生じたのである。米国カリフォルニア州の沖合では、荷揚げを待つ貨物船が「渋滞」したことが報じられ、バイデン大統領までが介入してようやく沈静化した。

こうした事態は、あらゆるものを輸入に頼る日本にとって、大きなダメージとなった。

なによりも、物流の停滞は運賃の高騰を招いたからだ。コロナ禍により高騰した運賃は当然、食料価格にも反映されることになる。

しかも、影響は直接買いつける農作物だけにとどまらない。農機具や肥料・種・鶏のヒナなど、農業・畜産業のあらゆる生産資材の多くを輸入する日本にとって、物流停滞が大きなコストアップ要因になってしまった。

中でも、食料を生産するための生産資材が日本に入ってこなくなったことが、より深刻な問題となっている。生産資材とは、農機具のほか、人手や肥料、種、ヒナなど、農産物の生産要素全般をいう。

日本では野菜の種の九割りを輸入に頼っている。野菜自体の自給率は八〇%あっても、種を計算に入れると、真の自給率は八%に落ちてしまうのだ。

種は日本の種会社が売っているものの、約九割りは海外の企業に生産委託している。コロナ禍により海外の採種圃場《ほじょう》との行き来ができず、輸入がストップするというリスクに直面してしまったのである。

つまり、なんらかの原因で物流が止まると、日本の生産量がガクンと落ちるおそれがある。我々は簡単に飢えてしまうおそれがあるのだ。そのリスクが現実のものとして示されてしまったことになる。

♣買い負ける日本

第二　中国の爆買い

コロナ禍以前は、爆買いというと、日本に押し寄せた中国人観光客が百貨店やドラッグストアで大量に買い物をするイメージだった。しかし、ここでの爆買いは、中国が世界中の農産物を買い漁るものだ。大豆・トウモロコシ・小麦といった穀物はもちろん、肉や魚、さらには牧草や魚粉といった家畜や水産養殖のエサまで、あらゆるものが対象となっている。

かつての国際市場では、日本が中心的なバイヤー（買い手）として力を持っていたが、今や中国のほうが高い価格で先に買いつけるようになった。中国のトウモロコシ輸入量は、二〇一六年度に比べて約一〇倍にも伸びた。大豆の輸入量は年間約一億トンという。九四％、とほぼ全量を輸入に依存する日本でも、大豆の輸入量は三〇〇万トンに過ぎない。文字どおり、二桁も違うのである。売るほうからすれば、どちらを大事にするかは一目瞭然だ。もし中国が「もっと大豆を買いたい」と言いだしたら、日本に大豆を売ってくれる国がなくなる可能性すらある。

今や、中国のほうが高い価格で大量に農産物を買う力があり、コンテナ船も相対的に取り扱い量の少ない日本経由を敬遠しつつある。そもそも大型コンテナ船は中国の港に寄港できても、日本の小さな港には寄港できない。こうしたコンテナ船が日本を敬遠し始めており、いよいよ日本の買う力は弱くなっているのだ。

こうした状況について、全農のOBの方は私にこう話していた。「もう買い負けなんかじゃない。そもそも勝負にすらなっていない。『買い負け』という表現すら使わないほうがいい」

実は、こういう買い負けの状況は、中国に対してのみ生じているわけではない。

新興国がより強い資金力を行使できるようになり、大量の穀物を輸入するようになってきている。このため、かつての「お金さえ出せば買える」という食料安全保障はとっくに破綻している。このことを私たちは肝に銘じなければならない。

♣武器として使われる「小麦」

第三　ウクライナ戦争

ウクライナでの戦争が続くことで、世界の食料事情は劇的に悪化している。

ロシアとウクライナは小麦の一大生産地であり、両国で世界の小麦輸出の約三割りを占める。欧米諸国がロシアに対する制裁を強める中、ロシアやベラルーシは、食料・資材を戦略的に輸出しないことで脅す「武器」として使い始めた。当然「敵国には売らない」となるわけだ。米国が怒って「ロシアが食料を武器にしている」と批判しているが、これをずっとやってきたのは米国自身である（米国自身のやり口については、第三章で詳述する）。

ウクライナは耕地を破壊され、播種《はしゅ》（種まき）も十分にできない。海上も封鎖され、小麦を出したくても出せず、物理的に小麦の輸出が停止している。

二〇二二年三月八日、シカゴの小麦先物相場が、とうとう二〇〇八年の「世界食料危機」時の最高値を一時超える、という「事件」があった。

日本は小麦をおもに米国、カナダ、オーストラリアから買っているが、これらの国に

図４　各国の食品の輸出規制と対象品目

※輸出禁止や輸出量の上限を定めた国。2020 年 4 月 20 日時点

出所：農林水産省と国際機関の資料　2020 年

は、今や世界中から買い注文が殺到しつつあり、まさに「食料争奪戦」の様相を呈している。そうした争奪戦の中、日本が「買い負ける」可能性はかなり高い。

小麦生産世界二位のインドのように、「国外に売っている場合ではない」と、自国民の食料確保のため、防衛的に輸出を規制する動きも起こっている。

こうした輸出規制が世界中に広がってきた（図４参照）。

ウクライナ戦争は、農産物を育てるのに欠かせない化学肥料の原料の輸出入にも大きな影響を及ぼした。ここでもロシアが輸

出大国である。

肥料には「窒素」「リン酸」「カリ」という三大要素があり、日本はこれらの原料について、ほぼ一〇〇％海外からの輸入に依存している。

窒素の原料になる尿素や、リン酸の原料であるリン酸アンモニウムの大半を中国に頼っている。中国は自国の需要増加を理由に輸出を抑制し始めた。カリの原料である塩化カリウムの二五％をロシアとベラルーシから輸入していたが、ロシアとベラルーシが日本を「敵国」認定したため、両国に依存していた塩化カリウムの輸入も封じられた。

製造中止の配合肥料も出始め、今後の国内農家への化学肥料の十分な供給の見通しが立たなくなっている。

何かあれば輸入できなくなるのは、食料だけではない。

肥料のような生産資材についても、お金を出せば必ず買えるという状況が当たり前ではなくなっているのだ。

そのうえ、ウクライナ戦争は収束の気配が見えないだけでなく、中東ではイスラエルとパレスチナの紛争が悪化している。アルメニアとアゼルバイジャンの間にも武力衝突が起こっているし、世界の緊張はますます高まっていると言える。

♣「異常気象」が「通常」になってしまった

第四　異常気象の頻発

世界中で異常気象が続いている。いや、異常気象がもはや「通常気象」となりつつあるというべきかもしれない。

それも、世界各国の食料確保に大きな影響を与えている。

二〇二〇年、ケニアでサバクトビバッタが大量発生し、農作物や家畜が深刻な被害を受けた。これも干ばつの後に豪雨が続くなど、異常気象が原因だったと言われている。

日本国内でも毎年のように台風や豪雨が発生し、農作物に大きな被害をもたらすようになった。

ちなみに、北海道の食料自給率は二二三％で、東京の自給率は四捨五入すると、〇％（〇・四％）である。北海道の国内シェアは、小麦六五％、大豆四一％、ジャガイモ八〇％、タマネギ六二％、カボチャ四一％、スイートコーン三八％、牛乳五六％など極めて大きい。

その意味するところは重大である。

ウクライナ戦争、中国の大量買いつけ、世界的な異常気象の頻発による不作などで、輸出規制も起こり、海外からいつでも安く食料を調達することが難しくなってきている。そういう中で、国内の食料の多くを依存している北海道の生産が異常気象などによって大きく減少したら、その影響は日本の消費者、特に自給率ゼロの東京などの住民を直撃する。そうした点からも、食料不足で、我々が飢えかねないリスクが高まっているということだ。

現に近年、北海道も猛暑でジャガイモ生産に打撃を受けたが、毎年のように起こる異常気象でジャガイモ不足は日常茶飯事になりつつある。

二〇二一年から二二年にかけて、やはり異常気象でジャガイモ不足が起こり、ポテトチップスが品薄になった。それを覚えている読者もきっと多いだろう。

「食料なんて輸入すればいい」という時代は終わりつつあるのだ。

スーパーに行けば食料があり、飲食店に行けば料理が出る。かつてはそれが当たり前だったかもしれない。だが、今後も同じように食料を入手できると考えるのは間違いだ。

太平洋戦争の後、日本はひどい食料不足に陥った。特にひどかったのは都市部である。都市部に住む人々は鉄道を乗り継いで農村へと出向き、持参した着物を差しだして、どうか食べものと交換してください、お願いしますと頭を下げ、おコメと交換してもらっていたのだ。たった八〇年ほど前の出来事である。

もうじき戦後八〇年という今、そうした経験を持つ人も少なくなってしまったが、今後同じことが起こらないとは限らないだろう。

♣日本で人口の六割りが餓死するという衝撃的な予告

私の研究室では農林水産省のデータを使って、二〇三五年の実質食料自給率を試算した表を作成した。

なお、食料自給率とは、国内の食料消費が、国産でどの程度賄えているかを示す指標である。特定の品目ごとに算出する品目別自給率と、食料全体について計算する総合食料自給率がある。

先にも触れたとおり、物流が止まったり、異常気象や輸出規制が起これば、種や肥料といった生産資材も止まってしまう。種が入らなければ、そもそもの作物が作れない。

八〇%の自給率の野菜ですら、種が入らなければ、一〇分の一以下に落ちてしまう。同様に、危機的状況下のリスクを勘案して、推計される食料自給率を計算した。

図５　種と飼料の海外依存度も考慮した日本の2020年と2035年の食料自給率（%）

	食料国産率		飼料・種自給率＊	食料自給率	
	2020年(A)	2035年推定値	(B)	(A×B)	2035年推定値
コメ	97	106	10	10	11
野菜	80	43	10	8	4
果樹	38	28	10	4	3
牛乳・乳製品	61	28	42	26	12
牛肉	36	16	26	9	4
豚肉	50	11	12	6	1
鶏卵	97	19	12	12	2

出所：2020年は農林水産省公表データ。推定値は東京大学鈴木宣弘研究室による。
＊種の自給率10%は野菜の現状で、コメと果樹についても同様になったと仮定。
※この数字には、化学肥料原料がほぼ100%輸入依存であることは考慮されていない。

二〇三五年には、牛肉、豚肉、鶏肉の自給率はそれぞれ、飼料の海外依存度を考慮した結果、四%、一%、二%まで落ちてしまう。

種の海外依存度を考慮すると、野菜の自給率は四%と、信じがたい低水準にまで陥る可能性さえある（図5参照）。

今は国産率九七%のコメも、いずれ野菜と同様に一〇分の一になるかもしれないのだ。

これだけ食料自給率が落ち込めば、ろくに食べるものがないということもありえるわけで、二〇三五年の段階で、〝日本人は飢餓に陥ってもおかしくない薄氷の上で暮らしている〟可能性が見えてきた。

それどころか、米国では、さらに衝撃的な試算が二〇二二年八月に発表された。

米ラトガース大などの研究チームが科学誌『ネイチャー・フード』に発表したもので、局地的な戦争で一五キロトンの核兵器一〇〇発が使用され、五〇〇〇万トンの粉塵が発生するという事態を想定したケースである。

これによると、直接的な被爆による死者は二七〇〇万人。

さらにもっと深刻なのは「核の冬」による食料生産の減少と物流停止によって、二年後には世界で二億五五〇〇万人の餓死者が出るが、そのうち日本が七二〇〇万人（人口の六割り）で、世界の餓死者の三割りを占めるというものだった。

ショッキングな事実ではあるのだが、冒頭から説明してきたような現在の日本の置かれている状況からすれば、それもありえる事態と言ってよいだろう。

我々の命がどれほど脆弱な砂上の楼閣にあるのかということを、自覚しておく必要があるのではないだろうか。

♣新基本法に対する疑問

見てきたように、「食料はいつでもお金を出せば輸入できる時代」はとっくに過去のものとなってしまっており、いつなんどき食料危機が起こってもおかしくない世界に我々は生きている。

しかも、国内の農業は赤字に苦しみ、農業人口が大きく減りつつある。そのうえ、我が国の食料生産の基幹となるべき水田耕作面積は、この六五年間に一〇〇万ヘクタールも減っているのである。

このような状況に直面している現在、二五年ぶりに、食料・農業・農村の「憲法」たる農業基本法が改正された。

基本法の見直しを今やる意義とは、世界的な食料需給情勢の悪化と、国内農業の疲弊を踏まえ、国内農業を支援し、種の自給率も含めて食料自給率をしっかり高め、不測の事態にも国民の命を守れるようにすることだ。

改正された基本法では、これらの切実な課題を克服するために行うべき方策や指針が盛り込まれているものだと、皆が考えた。

確かに、新基本法は食料安全保障の重要性については認識されているようだが、それをどういう手段で達成するのかについては、大いに疑問を残す内容となっている。

新基本法の原案段階から、「食料自給率」という言葉自体がなく、「基本計画」の項目において、食料自給率は「指標の一つ」と位置づけられているだけであった。食料自給率向上の抜本的な対策なども見られない。

実際、新基本法においても、そもそもなぜ自給率向上が必要で、そのためにどんな抜本的な施策を講じるべきかという言及は全くなされていない。

これは、いったい何を意味するのか。次章で詳しく検討する。

第二章　なぜ、自給率を重視せず「有事立法」なのか

♣一本足打法こそが必要である理由

農業基本法の見直しを今やるということは、世界の食料事情の危機的な情勢を踏まえ、食料自給率を高める抜本的な政策を打ち出すためだ、と誰もが（少なくとも筆者は）考えたが、違っていた。

第一章でも触れたが、驚くべきことに、現行基本法の検証時における「中間取りまとめ」の段階から、食料自給率は、「国内生産と消費に関する目標の一つ」と、その位置づけはむしろ低下させられていた。世界的な食料需給情勢が悪化しているという認識があり、その情勢分析がなされていたにもかかわらず、である。

まとめられた新基本法において、食料安全保障の確保の必要性が掲げられている点は評価できる。

しかし、肝心の食料自給率については、与党からの要請を受け、「食料自給率向上」という文言が加えられはしたものの、なぜ自給率向上が必要で、そのためにどんな抜本的な施策を講じるべきという提言は、一切なされないままだ。

食料自給率という指標の位置づけについて、審議会の関係者の中では、「食料安全保障を自給率という一つの指標で議論するのは、守るべき国益に対して十分な目配りがますますできなくなる可能性がある」と指摘されていたそうだ。

事務方からも、食料自給率を指標の一つと格下げする理由として、「自給率という『一本足打法』では不十分だ」などという発言があった。

農地や労働力や肥料などの生産要素・資材の確保状況などが、食料自給率とは別の指標として必要というのである。

先ほどの関係者や事務方たちが、食料自給率の意味を十分に理解できていないということは明らかだ。

食料自給率は生産要素・資材と一体的な指標である。

なぜなら、生産要素・資材がなく、食料生産ができなければ、食料自給率は実質ゼロになる。これは、今も、飼料の自給率が勘案された結果、三八％という自給率が計算されていることからもわかる。

生産要素の国内での確保状況、その自給率が大切な指標であることは間違いないが、それと食料自給率という指標は独立してあるわけではない。

それらは自給率に欠かせない構成要素であり、構成要素が下がれば、実質自給率が低下する。こうした形で、自給率と一体的な指標なのである。

だから、飼料以外の生産要素も飼料と同様に考慮することで実質自給率が計算されるものであり、生産要素・資材の確保状況は自給率に統一されるべき構成要素なのだ。残念ながら、このことが全く理解されていない。

一本足打法ではダメで、多面的に検討が必要だなどと言ってしまうのは、まさにこの理屈が理解できていないことを示している。

一体化し、一本足で考えてこそ、今、我々が直面している事態を正しく捉えることが可能になるのである。

♣カロリーベースの自給率で議論するべきわけ

〝カロリーベース〟と〝生産額ベース〟という二つの自給率の指標の扱いについても触れておく。

なお、カロリーベースは、食料をエネルギー（カロリー）に換算し、全体のうち国内生産で賄っている割り合い。生産額ベースは、食料全体を生産額に置き換え、そのうち国内生産で賄われている額の割り合いをさす。コロナ禍は、この二つの指標の議論にも「結論」をつけたと筆者には思われる。

生産額ベースの自給率が高いことは、日本の農業が価格（付加価値）の高い品目の生産に努力している指標としての意味がある。

ある論者は、カロリーベースの食糧自給率を議論しても意味がない、日本の生産額ベースの自給率は二〇二〇年度で六七％もあるのだから問題ない（＝心配いらない）といっている。

そんなことを声高にいう人たちは、輸出型の高収益作物に特化したオランダ方式が日本のモデルだ、ともてはやしがちだ。

しかし、本当にオランダ型がいいのだろうか。

オランダは、ＥＵの中で不足分を調達できるから、このような独自の生産形態が可能になっているとも言われるが、それなら、他のＥＵ各国に、もっと穀物自給率の低い国があってもおかしくない。

しかし、そんな国は一国として存在しない。

むしろ園芸作物などに特化して儲ければよい、というオランダが特殊と言える。他のEUの国々は、EUがあっても不安なので、各国ごとに、自国の食料自給率に力を入れているのだ。

オランダ型の最大の欠点は、園芸作物だけでは、不測の事態に国民にカロリーを提供できないことである。

日本でも、高収益作物に特化した農業を目指すべきとして、サクランボを事例に持ち出す人がいる。サクランボも大事だが、私たちはサクランボだけを食べて生きてはいけない。カロリーベースの自給率を否定する論者たちは、「食料輸入が途絶えることは想定しづらく、自給率指標そのものが無意味」などというが、食料危機がいつ始まってもおかしくないこの時代に、「輸入がストップする不測の事態が起こったとき、国民に必要なカロリーをどれだけ国産で確保できるか」ということが問題となっていることの意味がわかっているだろうか。

「日本人が飢餓に陥る可能性」を見すえて議論を始めようというとき、カロリーベースの自給率から議論をスタートさせないことには、すべては砂上の楼閣に終わってしまう。

♣支援はせずに疲弊させて、有事には罰金で脅して作らせる？

最近、「平時の食料安全保障」と「有事の食料安全保障」という分け方が強調されている。「不測の事態でも国民の食料が確保できるように、普段から食料自給率を維持することが食料安全保障」と考える筆者からすれば、分ける意味がわからない。

今苦しむ農家を支える政策は提示されないまま放置されたうえに、平時は輸入先との関係強化と海外での日本向け生産への投資に努めることが強調されている（二一条）。

それらの施策が必要でないとは言わないが、いくら関係強化や海外生産に投資しても、不測の事態が起これば、まずどこの国も自国民が優先になるのだから、関係先があてになるとは限らない。ましてや物流が止まれば、食料があっても誰も運んでくれない。

だからこそ、強化すべきは国内生産ではないのか。

その国内生産について、有事には、農家支援ではなく、増産計画を立てない農家は処罰すると罰則で脅して、作目転換も含めて、農家に増産命令を発する法整備をする方向が示された。現状の農業の苦境を放置したら、日本農業の存続さえ危ぶまれているのに、どうして有事の罰則つきの強制的増産の話だけが先行するのだろうか。

以前から、「平時は輸入しておけばよい」という意味で「平時」を使う自由貿易論者もいたが、結局、今回の法でも、食料自給率は低くても、平時は輸入に頼り、有事は強制的な増産命令で凌げばいいというのである。

なんと、「有事には一日三食イモを食え」というのが農水省の考えなのだ。

実際に、食料危機が勃発した場合、政府は本気で「イモを植えて凌ぐ」つもりらしい。ただ、現状、日本の農家はイモばかりを作っているわけではない。そのため、危機が勃発してからあらためてイモを植えることになる。

その際には、普通の畑だけではなく、小学校の校庭とか、ゴルフ場の芝生をはがしてイモを植えるという計画のようだ。とにかく、日本中にイモを植えて凌ぐという。

そもそも小学校の校庭でいきなりイモが作れるわけがない。まずは畑として耕さなければイモも作れないし、コメ以外の作物には連作障害が起こりうるから、当然、それの対応もしなければならない。

現場では、この「支援はせずに罰則で脅す」強制増産命令の有事立法（食料供給困難事態対策法）に対して、批判が巻き起こっていると聞く。

実際にいきなりイモを作る難しさについて、その法律の立案者は考えたことすらないのだろう。まるで、戦時中の再来のようなことが、農水省の『食料・農業・農村白書』にまじめに書いてあるのだ。

これが「有事への備え」とは、なんともお粗末な話だ。

しかも、サツマイモが象徴的に取り上げられて世論の批判を浴びたから、増産要請品目からサツマイモを消しておけばよいだろうと、農水省はサツマイモを消した。サツマイモを消しても「悪法」の本質が変わるわけではないのに、なんと姑息でお粗末な発想だろうか。

今、頑張っている人への支援を強化して自給率を上げればいいだけの話なのに、それしないで疲弊させておいて、いざというときだけ罰金で脅して作らせるというお粗末な発想がどうして出てくるのか。

♣自給率向上をなぜ目標として掲げないのか？

農業従事者の多くが赤字に苦しみ、廃業する農家が増え続けている。農業経営が継続可能になるように抜本的な支援策が打ち出されるべき、ぎりぎりのタイミングに来ていると思われる。今、始めなければ、間に合わないかもしれないのだ。

ところが、その対策が見えてこない中で、何と有事になったら作目転換も含め、強制的に増産を農家に命令できるようにする法整備を進めるというのだから、呆れる。

今、苦しんでいる農業の持続性をまず確保することなくして、有事の増産強制だけできるわけがない。このような増産命令が、農家を救おうとする政策より先に議論され始めたことは、通常の感覚では理解できない。ここには、非効率的な日本の農家は潰れてもいいという官僚の本音が透けて見える。

日本は島国で、中山間地も多く、農地の面積も狭くならざるを得ないため、小規模で非効率な農業をやらざるを得ない。

しかも、現代の日本人は肉やパンを好んで食べるが、食肉生産や小麦生産は日本よりも海外のほうが大規模で効率がいいので、食料の輸入が増えるのは仕方がない。そちらのほうが効率的で、予算も無駄使いせずに済む。およそこういった考えが行きわたっているのではないだろうか。

そもそも今の政府には、食料自給率を上げるつもりがないのだ。

今回の基本法改正において、自給率向上を打ち出せなかったその理由として、官僚の頭には、「自給率向上を目標に掲げると、非効率な経営の農家まで残ってしまい、予算を浪費するのではないか」という不安があったと思われる。

市場原理主義の反映として、農家過保護への危惧が根強く存在しているからだ。

だからこそ、政策の基本的な方向性が長期的・総合的な持続性ではなく、狭い意味での目先の金銭的効率性だけを重視することに向かってしまうのだ。

苦しい現状を訴える農家に対して、ある官僚は「潰れる農家は潰れたほうがよい」と答えたとも聞いている。

新たな基本法を見ても懸念されるのは、これらの議論が、多くの農家が潰れることを前提にして進んでいきかねないところだ。

しかし、あらためて考えてみるまでもなく、実は、これまでもそうだった。我々は戦後長らく、そうやって農業を切り捨ててきたのである。

なぜ、こんなことになってしまったのか。

その理由は歴史をふりかえれば明らかだ。

♣米国によって敷かれたレール

戦後直後の日本の食料自給率は八八％だった（一九四六年度）。

その後は、一九六五年度に七三％の水準を記録して以降、緩やかに下がり続けた。二〇〇〇年度以降は、四〇％前後からじわじわと下がりつつある。

海外に目を転じてみると、カナダは二六四％、オーストラリア二二四％、米国一三〇％、フランス一二七％（二〇一三年度、農水省試算）などとなっており、日本との差は歴然としている。

「食料自給率が下がったのは、食生活が急速に洋風化したため、日本の農地では賄い切れなくなったのだからしょうがない」とよく言われる。

現象的にはそのとおりかもしれないが、日本の食料自給率が下がった最大の原因は、貿易自由化と食生活改変政策である。

しかも、この政策は日本自身の選択ではなかった。

これは、ひとえに米国の政策に基づくものであり、米国によって敷かれたレールの上を我々は走らされてきたのである。

ＧＨＱの日本占領政策の第一は、日本農業を弱体化して食料自給率を低め、

①日本を米国の余剰農産物の処分場とすること
②それによって日本人を支配し
③米国に対抗できるような強国にさせないこと

であった。

第二次大戦後、食料難に苦しむ日本には、米国産農産物に対する強いニーズがあった。一方の米国では戦後、食料供給が過剰になり、余剰作物に悩んでいた。米国は、日本人の食生活を無理矢理変えさせてまで、日本を米国産農作物の一大消費地に仕立てあげようとしたのである。

要は、日本が米国の余剰在庫のはけ口として使われたということだ。

戦後早い段階で、大豆・飼料用トウモロコシについては実質的に関税撤廃がなされた。また小麦については、輸入割り当て制といって輸入数量の上限を設ける制度が形式上残っ

てはいたが、実際には大量の輸入を受け入れていた。そうした品目では輸入の急増により、国内生産が加速度的に減少することになる。

政策を実現するための、さまざまな宣伝・情報工作も行われた。

日本人に米国産の小麦を売るために、「コメを食うとバカになる」という主張が載った本を「回し者」に書かせるということすらやった。

『頭脳－才能をひきだす処方箋』（林　髞《たかし》　光文社）という本がそれである。

食料難の戦後がようやく終わったころの一九五八年に出版されたこの本は、その後の日本の農業に大きなダメージを与えることになった。今でこそ同書の存在はほとんど忘れさられているが、当時は発売三年で五〇刷りを超える大ベストセラーであり、日本社会に与えた影響は非常に大きかったのである。

当時、大手新聞の看板コラムまでもが白米食を非難し、米国にすり寄る論陣を張っていたのだから驚く。

そのコラムには、次のような「コメ食否定論」が堂々と掲載されていた。

「近年せっかくパンやメン類など粉食が普及しかけたのに、豊年の声につられて白米食に逆もどりするのでは、豊作も幸いとばかりは言えなくなる。年を取ると米食に傾くものだ

が、親たちが自分の好みのままに次代の子どもたちにまで米食のお付き合いをさせるのはよくない」（一九五八年三月一一日付）

有名大学医学部教授や、名だたる大新聞がこぞってコメ食否定論を唱えていたのだから、日本社会への影響は非常に大きかっただろう。

これらの「宣伝」の効果によって、伝統的なコメ中心の食文化が一変してしまった。

その結果、我が国ではコメ消費量の減少が始まる。

消費量が減るとコメの生産は過剰となり、水田の生産調整が行われ始める。これをきっかけに、我が国の農業・農政は国内で力を失っていくことになる。

♣貿易自由化と食料自給率低下の明らかな相関

我が国は、米国の占領・洗脳政策の下、米国からの要請をＧＡＴＴ《ガット》（ＷＴＯ）、ＦＴＡなどを通じて受け入れを続けてきた。

畳みかける農産物関税削減・撤廃と国内農業保護の削減に晒され、農業を弱体化し、食生活「改善」の名目で食生活を「改変」させられたうえに、戦後の米国の余剰農産物の処分場として、グローバル穀物メジャーなどが利益を得るレールの上に乗せられ、食料自給率を低下させてきたのである。

データを調べてみると、貿易の自由化の進展と食料自給率の低下には、明瞭な関係があることがわかってくる。

一九六二年に八一あった輸入数量制限品目が現在の五まで減る間に、食料自給率は七六%から三八%まで低下しているのだ。

食料は国民の命を守る安全保障の要であるはずなのに、日本には、そのための国家戦略が欠如している。自動車などの輸出を伸ばすために、農業を犠牲にしてきたのである。

それればかりか、国民に日本の農業は過保護だということを刷り込み、農業政策の議論をしようとすると、「農業保護はやめろ」と非難され、ことの真相は誤魔化され続けてきた。農業を生贄《いけにえ》にする展開を進めやすくするために、「農業は過保護に守られて弱くなったのだから、規制改革や貿易自由化というショック療法が必要だ」という印象を、国民に刷り込むほうが都合がよかったのである。

この取り組みは、長年メディアを総動員して続けられ、残念ながら成功してしまっている。

しかし、実際には日本の農業は世界的に見ても、決して保護されているとは言えないのである。

メディアの戦略によって広められた日本の農業に対する誤解については、第四章で詳しく検討する。

♣丸本焚書《ふんしょ》本が教えてくれること

食料自給率を考える際の参考として、ある一冊の書物を取り上げたい。

昭和一九年に新大衆社から発刊され、戦後、GHQによって焚書になった、丸本彰造《まるもとしょうぞう》『食糧戦争』である。

その復刻版が、経営科学出版から二〇二四年二月に出版された。

丸本は、陸軍少将であり、かつ、胚芽米《はいが》普及会長の立場で、女子栄養大学『栄養と料理』（昭和一三年第四巻第九号）に「胚芽米ますます普及の要について」を著すなど、栄養知識、食材管理、調理法に至るまでの具体的な見識を有する人物で、兵士の食料管理を統括していた。

本書は陸軍の食料を司る責任者が、戦争真っ只中に戦争遂行のために著した書物ではあるが、今、食料危機に直面している日本でこの書を読むとき、国民の命を守るための本質とは何かについて深く考えさせられる。

著者は「食糧自給体制の高度化」を力説し、「農村は国の本」であり、「食糧こそ国防の第一線とし、食糧確保と民族増強の基地たる農村の振興がもっとも必要である。農村の消長は国運の消長、農村の興発は国家の興発を左右する」と訴えた。

「近年では、商工主義・重商主義に傾き農業が疎んじられた向きがあったが、これらは貿易主義、外国依存主義であり、①食糧の独立を軽視し、②国防の基礎を危うくし、③結局亡国となる。農業を国の本とせず軽視する国は危険である。食糧の確保と民族の増強が伴わない都市の繁栄政策は決して国家を興隆することにはならない」と述べている。

また、丸本氏は、昭和八年が大豊作で「米価低下で農家が困難する、減反すべき」と減反政策が決定されたことに対し「大豊作だからと言って減反するのは国防の将来を危うくするのみならず、農民心理に悪く影響する。農民は国民食糧の供給を天職として一粒でも多く米を生産するよう努めてきた。この際、国家が買い上げ全国の倉庫に籾《もみ》貯蔵すべきである」と反論した。

次のようにも主張している。

「食糧は国内においても出来るだけその土地で供給できる様にありたい。工場の立地は食糧の立地と一致すべきであり、農家も自らの食糧を自給することに重点を置くべきである。『人体の在るところには人体を作り上げる食糧がその付近にあること』を原則とすべきである。そして、〝農業の姿を都市にも及ぼせ〟が私の主張である。

『食糧増産応急対策要綱』にもあるように、休閑地こそ食糧の増産に利用すべき貴重なる国土である。一国民として推進出来ることが休閑地の活用である。今や家庭においては出来るだけ閑地で豆や野菜を栽培し自給に努めるのが肝要」と述べている。

本書は、「食糧こそ国防の第一であり、外国依存主義は食糧の独立を軽視し、結局亡国となる。農業を国の本とせず軽視する国は危険」として、食糧自給自足国を目指すことを提案し、玄米と日本的パンの普及も提唱した。

まさに、丸本氏の主張は戦後の米国の思惑と見事にぶつかる、日本人に認識させてはならぬ「真実」がここにある。

丸本彰造氏の著書で焚書になったのはこの一冊のみであることからも、いかに本書がGHQに特別に睨まれたかがわかる。

そして、米国の思惑どおりに、我々はレールの上を走らされてきた。

食料・農業危機に直面する今の日本こそが、丸本氏の提言を実施すべきであるが、残念ながら、現実はその逆に向かっている。

♣食料を自給できない人たちは奴隷である

戦後の米国の占領政策により米国の余剰農産物の処分場として食料自給率を下げていくことを宿命づけられた我が国は、これまでも「基本計画」に基づき自給率目標を五年ごとに定めても、一度もその実現のための行程表も、予算も付いたことがなかった。

平成一八年、農林水産省は、食生活を和食中心にすることで食料自給率は六三％まで上げられるとの試算も示した。

今後の行程表作りや予算確保の一つの指針となる貴重な試算と思われたが、そのレポートは、今はネットなどで検索してもアクセスできなくなっている。

アクセスされて、このデータに触れられるのが嫌だった者たちがいたのだろう。

米国農産物輸入の増大と食生活誘導により、日本人は米国の食料への「依存症」になってしまった。

そうなると米国の農産物の安全性に懸念がある場合にも、それを拒否できないという形で、量的な安全保障を握られる結果、質的な安全保障も握られる状況になった。

その状況は、むろん、現在も続いている。

「規制撤廃、貿易自由化を徹底すれば、皆が幸せになれる」という「市場原理主義」は、皆を守るルールを破壊し、日米の政権と結びついた一部のグローバル企業などが利益を独占する。一方、日本や多くの途上国で、貧困、格差の拡大と食料自給率の低下を招く。

この点については、次章で詳しく検討する。


「食料を自給できない人たちは奴隷である」

キューバの著作家であり、革命家でもあった、ホセ・マルティ（一八五三～一八九五）は、かつて、こう語った。

また、我が国でも、『道程』や『智恵子抄』を残した詩人の高村光太郎《たかむらこうたろう》（一八八三～一九五六）もこんな言葉を残している。

「食うものだけは自給したい。個人でも、国家でも、これなくしては真の独立はない」

我々はいま一度、この言葉をかみしめなければならない。

第三章　今だけ、金だけ、自分だけの農業がもたらすもの

♣化学肥料が土を殺すと何が起こるか

世界を襲う食料危機の多くの要因は米国が作り出してきたように思われる。食料危機と米国との関連をしっかり、把握しておきたい。

まず、「緑の革命」について触れておく。

緑の革命とは、一九六〇年代に始まった農業改革を指す。トウモロコシや小麦、イネなどの穀類の生産性向上を目指して品種改良が行われ、高収量の小麦やイネの品種が育成・普及が進んだ。これにより、当時、南アジアの一億人が飢餓から救われたとも言われる。

このようにして緑の革命は、化学肥料・農薬の大量投入とそれに対応した品種（タネ）のセットで世界の穀物生産を増大させ、その後も、人類を飢餓と食料危機から救うかに思われた。

確かに六〇年代、農業技術の進歩により、途上国でコメや小麦など穀物の収穫量が爆発的に伸びていったのは事実である。

しかし、それと同時に、化学肥料の大量使用による弊害もしだいに明らかとなってきた。土にはたくさんの微生物がおり、その微生物を中心とした生態系が存在する。だが化学肥料や農薬が多用されると、土壌の中の微生物が減少し、土の中の生態系が破壊されていく。土の中の微生物が死滅すると、生態系が崩れ、土壌の保水力が失われる。「ぱさぱさ」になった土は、少しの雨でも、簡単に流出してしまう。近年、大雨による洪水被害が拡大している背景には、こうした土壌の劣化問題があるとも言われている。

今、世界中で「土」が失われつつある。

国連食糧農業機関（ＦＡＯ）の発表によると、世界の三分の一の表土は、すでに喪失しているという。

また、今も五秒ごとに、サッカー場程度の土が流出しており、二〇五〇年には世界の九〇％以上の土壌が劣化してしまうという（東京大学非常勤講師の印鑰智哉《いんやくともや》氏の資料による）。

植物の根には、菌根菌《きんこんきん》と呼ばれる微生物が付着している。

この菌根菌は、植物の根から炭水化物やアミノ酸を吸収し、窒素やリンなどの栄養分を植物に供給する。化学肥料の多用により、土壌中の微生物が減ってしまうと、このシステ

土壌を安定化させて浸食を防ぐ
落ち葉や動物の死がいなどの有機物を分解して無機物に
病原菌などに対する樹木の抵抗力を高める
樹木の生長に必要な窒素やリンなどの栄養分を供給

ムが崩れて、植物の根が張らなくなってしまうのだ。

本来、植物の根がしっかり張っていれば、少しの水でも植物がしっかり吸収してくれる。だが、植物の根が張らなくなると、土から水を吸収する力が弱くなる。

そのため、現代農業では、以前よりも大量に水をまかなければならなくなった。かつてよりも多くの水が必要になっており、その分、気候変動による渇水にも弱くなっている。

かくして、農業用水の使用量がどんどんと増えていった。現在、

Science Portal より転載
：https://scienceportal.jst.go.jp/gateway/sciencewindow/20230621_w01/

世界の水の七割りは農業生産に使用されている。

「二〇五〇年には、世界の七割りの地域で地下水が枯渇する」と、オランダの研究者は推定している。

現在、すでに米国では、八つの州にまたがるオガララ帯水層という世界最大級の地下水帯が枯渇の危機に直面しているという。

水が足りず、どんどん地下水を汲み上げていくと、最後はどうなるか。水の量が減るだけではない。同時に土壌の塩化が始まり、植物が育たなくなってしまうのだ。

農業技術の進展自体が、食料危機を生み出しやすい環境を作り上げてしまったということになる。

♣米国の謳い上げる自由貿易という欺瞞

緑の革命後、穀物生産において単一品種の大規模生産が進められた。それを米国などの少数国が一手に担うことになる。

例えば、世界の食料輸出の約八割りを、約二〇国が占めるようになったトウモロコシでは、七五％が五ヵ国（米国、ブラジル、アルゼンチン、ロシア、ウクライナ）に集中している。

この五ヵ国のうちでも、日本をはじめ世界の食料安全保障を脅かしている最大の戦犯は米国である。

米国は、自国の農業には手厚い補助金による支援を行っているが、日本や途上国などの貿易相手国に対しては、「食料なら安く売ってあげるから、非効率な農業を続けるのはやめたほうがいい」などと説き、徹底的な規制緩和を要求する。

米国はそれを自由貿易とか、「level the playing field（対等な競争条件を保つ）」などと言っているが、実態は「圧力によって関税を撤廃させ、相手国の農業を、補助金漬けの米国産作物で駆逐」しているだけのことだ。

つまり、「米国だけが自由に利益を得られる仕組み」を要求しているに過ぎない。

しかも、途上国の農民を家族経営的な穀物生産から追い出し、コーヒーやバナナなどのプランテーションで収奪的に働かせている。農地を追われた農民が伐採することによって、森林破壊もどんどん進行しつつある。

日本が輸入するウガンダの高級コーヒー豆は、農地を奪われた農民の、一日一ドル未満の労働で成立しているという衝撃的なテレビ報道もあった（ＮＨＫスペシャル『二〇三〇未来への分岐点(2)「飽食の悪夢～水・食料クライシス～』』、二〇二一年二月七日)。

利益を得たのは、米国などの背後にいるグローバル穀物メジャー、食品企業、肥料・農薬や種の販売企業などだ。

それらの企業は、途上国に水の枯渇、土壌劣化、環境・健康の悪化、自給率低下をもたらしているだけでなく、「今だけ、金だけ、自分だけ」の利益追求を続ける。このため、さらなる資源の枯渇が引き起こされ、途上国を生産限界まで追い込むことになる。

結果的に、緑の革命以降、特にアフリカ諸国の食料自給率は向上するどころか、劇的に低下していった。

♣食料危機のメカニズム

このようにして、世界中で農産物の貿易自由化が進められた結果、基礎食料を生産する国が減ってしまい、世界全体が米国を始めとする少数の食料供給国に依存する市場構造が出来上がってしまったのである。

紛争などによって食料需給に問題が起これば、途端に食料不足が発生し、それが食料価格上昇に直結する。

そうなると、将来の高値を期待して投機マネーが流入し、ますます食料価格が高騰する。しかも不安心理が増大し、輸出規制に踏み切る国が出始め、より一層の価格高騰が起こる。高くて買えないどころか、お金を出しても買えなくなるのだ。それが二〇〇七年のオーストラリアの旱魃《かんばつ》と、米国のトウモロコシをバイオ燃料にする政策に端を発した、世界的食料危機につながったのである。

世界の食料危機は、米国の食料戦略がもたらしたものだといって間違いない。

二〇〇八年の食料危機では、米国によって変えられてしまった各国の穀物の市場構造が被害をもたらした。

主食がトウモロコシのメキシコでは、ＮＡＦＴＡ（北米自由貿易協定）によってトウモロコシの関税が撤廃されていた。だから、国内生産の激減した分は米国から買えばいいと思っていたところ、価格の暴騰が起こって輸入できなくなり、暴動が起こる非常事態が発生してしまった。

ハイチは、一九九五年、ＩＭＦから融資を受けるための条件として、米国から輸入するコメへの関税を三％にまで引き下げることを約束させられた。

その結果、ハイチのコメ生産が大幅に減少し、コメを輸入に頼る構造になっていた。

そこに二〇〇八年の世界食料危機が直撃。コメの輸出規制が行われ、ハイチはコメの不足により、死者を出す事態となった。この時にはフィリピンでも死者が出ている。

穀物生産国が食料危機の際、自国優先に舵《かじ》を切れば、たちまち穀物自給率の低い国々は飢餓に陥る。世界中で食料を求める暴動、紛争が誘発され、さらに生産減少と物流の停止が長期化するという負の連鎖が進みかねない。

つまり、米国の勝手な都合で押しつけられた仕組みが、世界の人々の命を振り回しているのだ。

まさに、食料危機は人災なのである。

戦後日本は、米国から言われるがまま、牛肉もオレンジも貿易自由化に踏み切ってきた。

米国からいいようにやられた結果、日本の食料自給率はわずか三八%まで落ち込み、ついには、有事の際は餓死者が大量発生する危機にさらされている。

これが、日本の現状ということになる。

♣本当に農業支援は十分か？

改正基本法をチェックするにあたっては、その提言や施策が国民にとって有益なものになるのかをよくよく確認しなければならない。

それを怠れば、規制緩和や貿易自由化の美名の元に、本来守られるべき国民や農家の利益が減らされ、負担が増えるばかりで、ごくごく一部のメジャー企業などだけを利することにつながってしまいかねないからだ。

改正基本法では、スマート農業の活用が大きく取り上げられている。

スマート農業では、高齢化が進む農業の担い手に対して、労力を軽減し、増え続ける耕作放棄地を少人数で利用して収量を上げ、収入増加と収益アップに結びつけるという。センシング技術を活用した園芸栽培や、ドローン、ロボットなどによる農作業の省力化、新規就農者の経験不足を補うＡＩ技術などの導入も図られる等々。

それから、例によって規模拡大によるコストダウン、輸出の拡大……。

コスト高に苦しむ農家の所得を支える抜本的仕組みは提案されないまま、相変わらずの、

「規模拡大によるコストダウン、輸出拡大、スマート農業、海外農業生産への投資」が連呼される現状に違和感を覚える。

こうした施策を否定はしないが、それらが現状の危機への対策にどれほどなるのか、疑問を呈せざるをえない。

輸出やスマート農業などの政策が、そもそもコスト高に苦しむ農家を助けることになるのか。

現状、農家の所得を支える仕組みは十分かのように説明されている。

「農村の疲弊を改善し、自給率を向上するために、抜本的な施策強化を行う必要はない」との認識があることは理解に苦しむ。

すでに畑作には内外価格差を埋めるゲタ政策がある。コメにゲタがないのは関税が高いから内外価格差を埋める必要がないので、そういう政策はできないが、コメなどには収入変動緩和のナラシ政策もある。さらに収入保険もある。中山間地域等直接支払い・多面的機能支払いなどは行われている。これで十分だというのが、事務方の説明である。

しかし、今の政策が十分なら、なぜ農村現場が苦しんでいるのか。農村の疲弊が増幅しているのだから十分なわけではない。

そもそもナラシも収入保険も過去の価格・売り上げの平均より減った分の一部を補填するだけなので、農家にとって必要な所得水準が確保されるセーフティネットではないし、コスト上昇は考慮されないから今回のようなコスト高には役に立たない（この辺りについて、第四章で再度検討する）。

中山間地域等直接支払い・多面的機能支払いも、よい仕組みだが、集団活動への支援が主で、個別経営の所得補填機能は十分ではないとの指摘が多く聞かれる。

このように、抜本的対策は全く提案されていないのである。

♣大規模農業という幻想

「日本は小規模農家が多いので、企業の参入によって大規模化すべきだ」という意見もよく耳にする。

農業就業人口がこれから減る、つまり、農家が潰れていくから、一部の企業などに任せていくしかないというのだ。

農家の現実をしっかり自分の目で見てほしい。無理な話というほかはない。

低所得により、農家の数はかなり減ってきている。そのため日本全国で耕作放棄地が増えている。農家が減った分、一軒あたりの耕作面積が広くなればいいが、残念ながらそうなってはいない。

日本の場合、山間部が多いため、耕作地は狭くならざるを得ない。オーストラリアのように平野が広がっているなら、一区画一〇〇ヘクタールもの耕作地が当たり前だろうが、日本の場合、農地はどうしても細分化されてしまう。

日本でも一軒あたりの耕作面積が五〇～一〇〇ヘクタール程度というケースもあるが、その場合の田んぼは一〇〇ヵ所以上に点在しているのが普通だ。そんな状態で農業をどうやって効率化するのか。

これは日本の土地条件の制約によるもので、企業が参入したところで簡単には変えられない。

実際、農業に参入した大企業はほとんど撤退してしまっている。企業がやればうまくいくというのは幻想なのだ。企業が参入したからといって、自然を相手にして思うように生産をコントロールできるものではない。

ドイツ在住の作家・川口マーン惠美《えみ》氏は「日本は欧州で失敗したことをまだ後追いして

いる」と発言している。

欧州は、巨大企業への漁獲集中を行ったが、結局、地域社会の維持や資源管理に失敗してしまった。その経験から、むしろ、日本の共同体的な水産資源管理こそが世界の最先端だと評価するようになったと、東北大学に滞在しているデンマークの研究者も報告している。

日本は、いまだに「成長産業化」の掛け声の下、既存農家や漁家を非効率として、巨大企業への独占化を進めようとしている。

欧州の失敗は全く参考にされていない。

また、スマート農業が今の農家に有効に活用できる範囲は多くはないというのが、現場の農家の実感と聞く。これも、関連企業への税制や金利の優遇で、企業支援の要素が強い。

さらに、これまで半分未満でないと認めなかった農業法人における農外資本の比率を三分の二未満に引き上げて、農外資本の農業参入を緩和するという。

本当に農村現場を見ているとは思えない。誰の利益を考えているのか。

仮に、輸出が伸ばせても、〝農家の手取りが増えて、所得が増える〟わけではない。多くは輸出にかかわる企業の利益である。もう、いい加減、「今だけ、金だけ、自分だけ」の一部への利益集中の画策はやめるべきだ。

♣そのレールはどこへ通じているのか？

日本政府も、ＡＩを活用する「スマート農業」「デジタル農業」を高らかに掲げているわけだが、これで、現在の農家の負担が軽減されるのだろうか。

それが既存の農業を破棄し、利益はビル・ゲイツ氏のようなＩＴ長者が総取りになるのであれば大問題である。実際、ゲイツ氏らの敷いたレールの上を、多くのメジャー企業が動き出しているように見受けられる。

グローバル種子農薬企業やＩＴ大手企業が目論んでいる一つの農業モデルが、今いる農家を追い出して、ドローンとセンサーを張り巡らせて自動制御して、儲かる無人農業モデルを作って投資家に売るというものだ。

現に化学肥料市場において、化学肥料と遺伝子組み換え作物をセットにするビジネス展開で急成長したモンサント（二〇一八年バイエルと合併）は、二〇一三年、新たな戦略として、農業プラットフォームサービスのClimate Corporationを買収している。

中村祐介《なかむらゆうすけ》氏によれば、その戦略とは自社を食料供給のソリューション提供企業へと変えることであった。（中村祐介「デジタル革命（DX）が農業のビジネスモデルさえ変えていく」2020.2.20 https://www.sapjp.com/blog/archives/28117）。

Climateを通じて、これまで同じ業界でも異なる業種であった農業機器の製造・販売大手のAGCOとデータの相互接続をしたり、農機具メーカーのJohn Deereのオペレーションセンターと相互接続をしたりといった組み合わせが次々と起こっていった。

この組み合わせから、農地の肥沃《ひよく》度管理や区画ごとの収量分析、地域の気象データ確認などの作業を一つのプラットフォーム上で行うことができる、デジタル農業技術ソリューションを提供するのだという。

さまざまな人や国、企業がモンサント・Climateと相互接続し、価値を高めていく中で、農業生産者はますますClimateを利用することになる。そしてClimateの利用が促進されれば、そこに集まるデータを基にモンサントや他の企業はユーザーに満足度の高いサービスや製品を提供していける。

モンサントが買収したClimateは、人工衛星でリアルタイムモニターを使ってアプリで使うべき農薬や化学肥料、種苗までが提案されると宣伝している（印鑰智哉氏）。

このようにバイオ企業などがスマート農業技術も含めて、農業生産工程全体をトータルに包含したビジネスを展開しつつある。

ここに、ＧＡＦＡなどのＩＴ大手企業も加わって、最終的に農家が追い出され、ドローンやセンサーで管理・制御されたデジタル農業で、種から消費までの儲けを最大化するビジネスモデルが構築されるのだ。ここに巨大投資家が投資するという見取り図が見えている。

現に、二〇二一年の世界食料サミットでは、ビル・ゲイツ氏らが主導して、こうした農業を広めていこうという宣伝がなされた。

グローバル種子農薬企業やＩＴ大手企業によって敷かれたレールは、いったい、どこへ向かっているのだろうか。

♣宣伝の底流にあるもの

その宣伝の一つが、既存の農業に対する攻撃である。

ある大手人材派遣会社の前会長は、中山間地域で「なぜ、こんなところに人が住むのか。早く引っ越せ。こんなところに無理して住んで農業をするから、行政もやらなければならない。これが非効率というのだ。原野に戻せ」という発言を繰り返してきた。

「耕作放棄地で、何が悪い、儲からないなら、撤退すればよい」などとも言われる。

その裏には、命や環境を顧みないグローバル企業の目先の自己利益追求理念がある。地球環境問題の解決策として提示されているフードテックが、環境への配慮を隠れ蓑《みの》に、結果としてさらに命や環境を蝕《むしば》むような、次の企業利益追求が隠されていることに着目しなければならない。

「実は、地球温暖化の一番の主犯は田んぼのメタンガスと牛のゲップだったのだ」と言い出した連中がいる。二〇二四年初早々、世界経済フォーラムの年次総会（ダボス会議）で飛び出した耳を疑うような発言だ。

「アジアのほとんどの地域ではいまだに水田に水を張る稲作が行われている。水田稲作は温室効果ガス、メタンの発生源だ。メタンはCO2の何倍も有害だ」（バイエル社CEO）、「農業や漁業は『エコサイド』（生態系や環境を破壊する重大犯罪）とみなすべきだ」（ストップ・エコサイド・インターナショナル代表）。

つまり、これらはすべて、現状の農業そのものの否定である。

ややもすると私たちは、「彼らが環境に優しい農業が大事だね」と言っているのかと勘違いしそうになるが、そうではない。農業そのものを否定して潰し、そしてコオロギ食などの昆虫食や人工的な食べもので儲けようとするのが彼らの目的である。

♣陰謀論？　ではなく、陰謀そのもの

こうした議論は、「工業化した農漁業や畜産を見直し、環境に優しい農漁業や畜産に立ち返るべきだ」と主張しているのでは、全くない。

「農漁業、畜産の営み自体を否定しようとしている」意図が強いことに気づく必要がある。プライベートジェット機を乗り回してダボス入りし、温室効果ガス排出を大きく増加させている張本人たちが、農業を悪者にしているのだ。その欺瞞《ぎまん》を見逃してはなるまい。

温室効果ガスの排出を減らすためのカーボンニュートラルの目標を達成するうえでは、今の農業・食料産業が最大の排出源（全体の三一％）だから、なんとかしなければならないと主張したうえで、その解決のために、遺伝子操作技術なども駆使した代替的食料生産

が必要だというのだ。それは、人工肉、培養肉、昆虫食、陸上養殖、植物工場、無人農場（ＡＩが搭載された機械で無人でできる農場経営）などと例示されている。

かくして、まともな食料生産の苦境を放置したまま、昆虫食や培養肉や人工卵、この機運が醸成されつつある。

しかも、学校給食でコオロギが出されたり、パウダーにして知らぬ間にさまざまな食品に混ぜられようとしている。

しかし、少し冷静に考えてみれば、すぐにわかることだ。

一〇〇〇年以上も前から牛も田んぼも存在してきたのだ。地球温暖化の真の問題は、過度に破壊的な工業化にあることは明らかだ。

にもかかわらず、農畜産業が温暖化の大きな要因になっているかのような言動が堂々とまかり通っている。派手な言葉に惑わされて、多くの人が「コオロギを食べましょう」などという風潮に安易に染まってしまうとしたら、それも日本の食料生産基盤を弱体化させることにつながっていく。

イナゴの食習慣は古くからあるが、避妊作用があるとも言われるコオロギで、子どもたちを「実験台」にしてはいけない。

戦後の米国の占領・洗脳政策による学校給食や、ゲノム編集トマト苗の全国の小学校への無償配布と同じように、子どもたちを「実験台」にした拡散戦略を繰り返してはならない。今の農業・畜産の経営方式が温室効果ガスを排出しやすいというのであれば、まず、環境に優しく、自然の摂理に従った生産方法を取り入れていくことを目標とするべきではないのか。

それをすっ飛ばして、さらに、問題を悪化させるようなコオロギや無人農場に話をつなげているところの誤謬《ごびゅう》に気づく必要がある。

次の儲けのために、メジャー企業群は、コオロギなどだけでなく、無人農場まで考えていると非難すると、陰謀論だという人がいる。

しかし、日本が国策として推進するとしているフードテックというものの中身を見ると愕然《がくぜん》とする。

それは、陰謀そのものなのである。

♣フードテックの荒唐無稽

環境問題に意識が高い人ほど、既存の農業を環境に悪いものとしてスケープゴートにしがちという問題もある。

地球温暖化への対策が必要なのは間違いない。先進国で飽食が進み、肉の消費量が増えたことが地球環境の悪化につながっているという指摘も、おそらく正しい。

ただその結果として、既存の農業は壊してしまい、「培養肉」を推進する企業に補助金を出せ、という話になるのは困ったものである。

日本は「フードテック」の分野で遅れており、取り戻すためにもっと投資が必要だ、と盛んに言われている。「フードテック」とは先ほどあげた培養肉など、テクノロジーによって食料の問題を解決しようというものだ。

フードテックを進めるべき理由と言えば、食料問題の解決、環境問題対策、ということになる。

そこまではいいが、今ある農業、とくに畜産が一番の悪者だと考えるのはおかしい。

環境問題の解決のためなら、むしろ伝統的な農法に回帰するほうが先であり、効果的ではないのか。

その取り組みを排除したうえで、フードテックによる代替肉・培養肉だ、ゲノム編集作物だ、昆虫食だ、無人農場だ、となるのはおかしい。

コオロギ食や培養肉はまさにショック・ドクトリンであり、危機に乗じて既存の農業を破壊し、グローバル企業が取ってかわるための手段として使われている。

地域コミュニティ・伝統文化を破壊し、結果として一部の企業だけが儲かるなら、まさに「今だけ、金だけ、自分だけ」ではないか。

そもそもフードテックが本当に効果的かどうかは疑問が残る。培養肉は通常の食用肉よりコストが高い。結局、自然環境で太陽の光を浴びて育った肉のほうが安くつく。

同じことは植物工場にも言える。植物工場では、ビルの中に畑を作り、水や栄養を管理し、LED照明で作物を育てるが、工場の維持費や電気代のせいで、価格も高くなってしまう。

ただ、新しいビジネスであるのは確かであり、投資家向けに「これからはフードテックだ」とさんざん煽られている。日本政府はこうした企業利益と結びついているわけだ。

現在の世界経済はまさしく「株主資本主義」だ。株価さえつり上げられれば、本当に有望なビジネスなのか、環境対策として効果があるかどうかは二の次、三の次となりがちだ。

市場原理主義の欠陥は、「今だけ、金だけ、自分だけ」で、長期的・総合的視点が欠如し、目先の自己利益の最大化という近視眼的効率性しか考慮していないことである。

これ以上、こんなことを続けたら、ビル・ゲイツ氏らが構想しているような無人の巨大なデジタル農業がポツリと残ったとしても、日本の多くの農漁村地域が原野に戻り、地域社会と文化も消えてしまうだろう。

むろん、食料自給率はさらに低下し、不測の事態には、超過密化した東京などの拠点都市で餓死者が出て、疫病が蔓延《まんえん》するような歪《いびつ》な国になる。

第四章　腰砕けの価格転嫁誘導策

♣日本の農家は守られているというウソ

〝日本の農家は守られている〟、というのはウソである。

まず、この事実を、ぜひ多くの方々に知っていただきたい。

なぜなら、これまで、マスメディアを通じての宣伝工作が功を奏し、日本の農家について、全くの誤報が常識のごとく国民の頭に刷り込まれてしまっているからだ。その誤った常識を訂正してからでないと、議論のしようもない。

そこで、この章では、刷り込まれたウソについて触れながら話を進めていく。

ぜひ訂正したいウソの常識を三つ取り上げる。

❶日本の農業は高関税で守られている

❷政府が価格を決めて農産物を買い取っている

❸農家は補助金漬けだ

図6　主要国の農産物平均関税率
＝「日本は農産物関税率が高い」は誤り

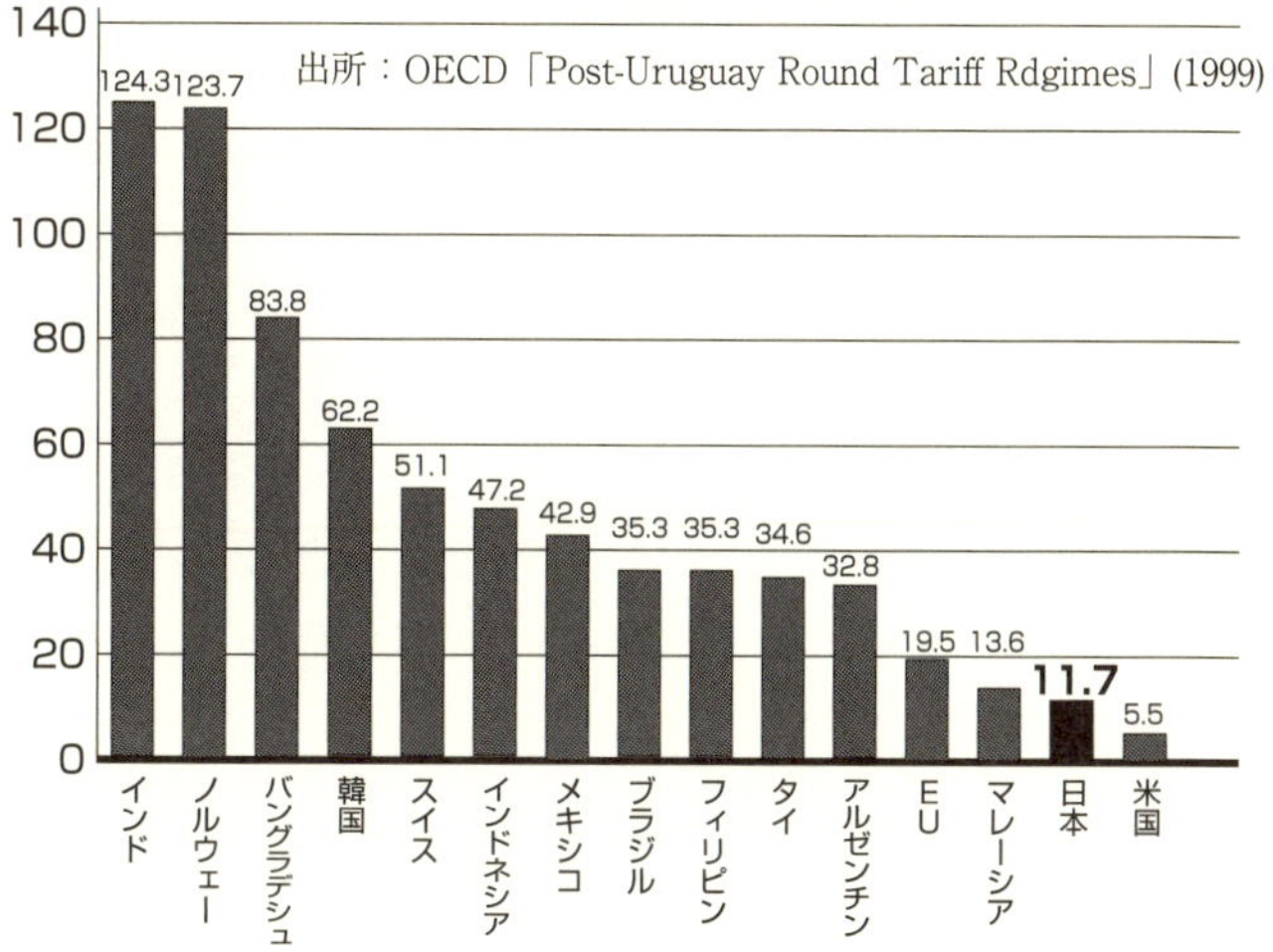

出所：OECD「Post-Uruguay Round Tariff Rdgimes」(1999)

❶まず一つめ。「日本の農業は高関税で守られた閉鎖市場だ」というものだ。

ＯＥＣＤ（経済協力開発機構）のデータによれば、日本の農産物関税率は一一・七％（上のグラフ参照）。米国より高いのは事実だが、ＥＵはほぼ二〇％なので、その半分ということになる。タイやブラジルは大変な農産物輸出国だが、これらの国々も約三五％の関税率を設定している。

そうした農産物輸出国と比べ、日本の関税は農産物輸出国の二分の一から四分の一くらいの水準である。中にはコンニャクのように高い関税がかけられた作物もある（コンニャクの関税は一七〇〇％）。コメも三〇〇％を超えているため、コンニャクと

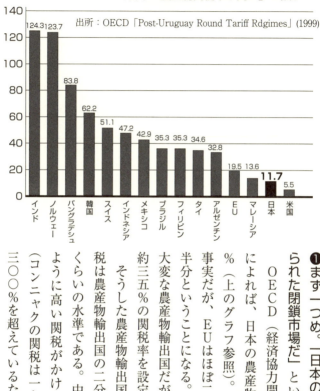

コメばかりが『やり玉』にあげられてしまう。

しかし、キャベツなど他のさまざまな野菜の関税率は大半が三％程度で、実際のところ、日本の農産物の九割りは低関税率の品目なのだ。そんな国は、世界でも非常に珍しいということを、ぜひ多くの方に知ってほしい。

高関税で守られているどころか、これほど低関税品目が多い国はほとんどない。そもそも、食料自給率三八％程度の国の農作物関税が高いわけがないのだ。

コンニャクやコメのように、ほんのごくわずかに高関税の品目があり、そこだけを取り上げてあげつらえば、「日本の関税率は高い」という印象操作ができてしまう。実際、宣伝工作によって、そうやって印象操作されてきたといってもよいだろう。

繰り返すが、日本の関税率は平均一一・七％に過ぎない。これに対して、例えば、韓国の平均関税率は六二％、スイスは五一％。（ＯＥＣＤ一九九九年　注：①ＵＲ実施期間終了時〈二〇〇〇年〉のタリフライン毎の平均関税率〈貿易量を加味していない単純平均〉を算出。②関税割り当て設定品目は枠外税率を適用。この場合、従量税は、各国がＷＴＯに報告している一九九六年の各品目の輸入価格を用いて、従価税に換算。③日本のコメのように、一九九六年に輸入実績がない品目については、平均関税率の算出に含まれていいな

図７　韓国と日本の主要農産物の関税率比較（%）

品　目	枠内税率	枠外税率	日本関税率
ニンニク（生鮮・冷蔵）	50	360% or1800won/kg	3
ほうれんそう	27		3
ゴボウ	27		2.5
サトイモ	20,45	45,385	9
生シイタケ	30	30	4.3
乾シイタケ	30		12.8
ショウガ	20	377.3% or931won/kg	2.5,5,9
ネギ	27		3
ミニトマト	45		3
ブロッコリー	27		3
ニンジン	30% or134won/kg		3
アスパラガス	27		3
カボチャ	27		3
タマネギ（生鮮・冷蔵）	50	135% or180won/kg	0-8.5
パプリカ	270% or8210won/kg		3
イチゴ	45		6
メロン	45		6
スイカ	45		6
甘藷（生、蔵、凍）	20,45	45,385,385 or338won/kg	12,12.8
馬鈴薯	30	304	4.3
小豆（乾燥）	30	420.8	10%，354円/kg
ゴマ	40	630 or6,660won/kg	free
緑茶	40	513.6	17
ナシ	45		4.8

https://seikatsuclub.coop/news/detail.html?NTC=1000000283

い)。韓国との各品目での関税率の比較を見ても（八一ページの図7）、日本の低関税率は明らかだ。

日本の農業は過保護で守られているというのは、全くのウソである。

よく「過保護政策をやめて、自由貿易をすれば、自給率も上がる」というようなことを主張する人がいる。過保護にされているが故に競争力が下がり、自給率が下がり、耕作放棄が増え、高齢化が進んでしまったのだと。

しかし過保護に守られているのなら、もっと農家の所得も生産も増えていいはずだ。ところが、事実は逆。農家は守られていないが故に、常に競争にさらされ、所得も生産も増やせない状況が続いている。

一方、米国の農業は、保護を受けず、自由競争をしているから、農産物輸出国になっているのではない。米国では、食料を自給するのは当然のことであり、「武器としての食料」増産のためなら、補助金を出すことも、なんらちゅうちょしない。

穀物輸出用の補助金だけで、米国は多い年で一兆円使うのだ。

徹底した過保護政策によって、自国の農産物の競争力を高め、すでに第三章でも触れたとおり、市場開放や貿易自由化という美名の元に相手国の関税を取っ払い、もしくは、引き下げたうえで、農産物を売りつけているのである。

「日本農業＝過保護・衰退、欧米＝競争で発展」という図式にも、宣伝工作によって生まれた誤った認識がある。

それに、そもそも米国以外のEU諸国はもとより、中国やロシアも一次産業の価値を重視している。一次産業のうちでも、国民の生命の「礎」と言える食料を生産する農業をとりわけ重要視しているのだ。彼らは農業を中心とする一次産業が、国民の生命はもちろん、環境と資源、地域コミュニティと国土を守ってくれている重要な産業だと考えているからだ。

だからこそ、政治家も官僚も国民から託された血税を投入し、自国の農業をしっかりと支える政策を真剣に講じている。それは単なる「農家保護」ではなく、自分たちを含めた国民の「生きる基盤」を支える重要な仕事であるという認識の表れである。

♣関税について誤解されがちなこと

なお、関税に関して、OECD（経済協力開発機構）のPSE（生産者保護推定額）の指標を見ると、我が国の農業には五兆円もの保護があり、しかも、その九〇%以上が市場価格支持（ＭＰＳ）に依存するという数字になっている。

「農業保護水準を示す指標：ＰＳＥ（Producer Support Estimate）」とは、ＯＥＣＤから毎年公表されている指標であり、「農業保護の水準を包括的にみる指標」である。

その数字だけ見れば、我が国の農産物に五兆円の保護があることになってしまうが、本当にそうだろうか。

そもそもなぜ、こんなデータが出てしまっているのか。そのカラクリを紐解いてみよう。原因は、日本の輸送費と関税で説明できない価格差（我が国はこの部分が多い）を、すべて「非関税障壁」として、ＰＳＥの保護額に算入しているからにほかならない。

例えば、スーパーで国産のネギ一束が一五八円、外国産が一〇〇円で並べて販売されているケースがある。

輸入物より国産が高いことはしばしばあり、日本の消費者は、国産がよければ、高くても国産を買うだろう。これを、「一五八円の国産ネギに対して、外国産が五八円安いとき、日本の消費者はどちらを買っても同等と判断している」と解釈すると、この五八円分は、国産ネギへの消費者の評価であり、生産者の品質向上努力の結果でもある。

しかしPSEには、この五八円が「非関税障壁」として保護額に算入されてしまうのである。保護の結果ではないにもかかわらず。

PSEの指標は、単純な内外価格比較によって農業保護水準が高いとか、不公正な非関税障壁が多いと判断してしまうのだが、それは本来なら、保護によって生まれている価格差ではないことを考慮すべきなのだ。

見かけ上は品質の優劣が明確ではなくても、日本の消費者は一般に産地に対して敏感で、輸入品が安くても、安全性に対する漠然とした不安感も含めて、国産品を好んで選ぶ場合が多々ある。つまり、「国産」の農産物には、一種の「ブランド力」が発生することがある。繰り返すが、保護されているから、この価格差が生じているわけではない。

ブランド力とは、品質に対する消費者の信頼感と密接な関係がある。これは、日本の農家等の品質改善努力を含めたさまざまな経営努力の結果でもある。それは、多くの人が賛同してくれるだろう。

したがって、もし関税や非関税障壁がなくなっても、ある程度残る価格差と考えられる。だから、これは決して不公正な非関税障壁ではないのである。

こうした価格差を、ここでは「国産プレミアム」と呼んでおくとすると、この事例のように、内外価格差が「国産プレミアム」によって生じているとすれば、それをすべて一律に非関税障壁として換算してしまうPSE指標を、安易に信用できない。

PSE指標から、日本の農業保護額が五兆円もあるというのも誤解ということになる。

♣バカ真面目過ぎる国・日本

❷第二のウソは、「日本では政府が農産物の価格を決めて買い取っている」というものだ。
政府が農産物の価格を決めて買い取ることを「価格支持」政策という。

一九九三年のGATT《ガット》（WTO）ウルグアイ・ラウンド合意によって、政府（公的機関）による価格支持制度は削減することが決められた。

実は、日本は、WTO加盟国のうちで唯一、農産物の価格支持政策をほぼ廃止した国である。

「削減」を「廃止」として対応した、「過剰」優等生なのである。

また、コメや乳製品の国内在庫が累積しているならば、国による輸入量を減らせばいいのに、コメの七七万トン、乳製品の一三・七万トン（生乳換算）の輸入を、日本政府はなぜ最低輸入義務だとして履行し続けているのか。

一九九三年・UR合意の「関税化」と併せて輸入量が消費量の三％に達していない国（カナダも米国もEUも乳製品）は、消費量の三％をミニマム・アクセスとして設定して、それを五％まで増やす約束をした。しかし実際には、せいぜい一～二％程度しか輸入されていない。

ミニマム・アクセスは日本が言うような「最低輸入義務」ではなく、「輸入数量制限」を全て「関税」に置き換えた際、禁止的高関税で輸入がゼロにならないように、ミニマム・アクセスまたはカレント・アクセス内は、低関税を適用しなさい、という枠であって、その数量を必ず輸入しなくてはならないという約束では全くない。低関税でのアクセス機会を開いておくことであり、最低輸入義務などではなく、それが満たされるかどうかは関係ない。「国家貿易だと義務になる」などと、どこにも書いていない。二〇一四～二〇一九年の枠充足率（全一三七四品目）は平均で五三％（WTO）。

欧米にとって、乳製品は外国に依存してはいけないから、無理してそれを満たす国はない。かたや日本は、すでに消費量の三％をはるかに超える輸入があったので、その輸入量を一三・七万トン（生乳換算）のカレント・アクセスとして設定して、毎年忠実に満たし続けている、唯一の国なのである。コメについても同じで、日本では本来義務ではないのに、毎年七七万トンの枠を必ず消化して輸入している。

本当の理由は、米国との密約で「日本は必ず枠を満たすこと、かつ、コメ三六万トンは米国から買うこと」を命令されているからである。乳製品についても、実質的な米国枠が設定されている。

さて、このように日本が過剰に優等生を演じ続けている傍らで、価格支持について、他の国はどうしてきたか。

実は、農業をはじめとして、自国にとっての必要な産業については、日本以外の国々は知らん顔をして自国の利益を守り続けている。

生産者に直接補助金を支払うことを「直接支払い」という。

しばしば、「欧米は価格支持から直接支払いに転換した」と言われてきた。

ウルグアイ・ラウンドによって、環境保護政策実現という名目であれば、そのための直接支払いは削減対象の政策にはしないことが決まっていた。

これを受けて、EUは価格支持を引き下げたが、しかし、それによる農家支援策の総額が減らないような政策でフォローすることにしたのである。

この転換は、よく「価格支持→直接支払い」と表現されるが、実際には、「価格支持＋直接支払い」のほうが正確だ。

価格支持の水準を引き下げた分を、直接支払いに置き換えているのだ。価格支持をやめたわけではない。

しかも、直接支払いをする場合、その根拠をしっかりと積み上げ、予算化し、国民の理解を得ている。

筆者らが二〇〇八年に訪問したスイスの農家では、豚の食事場所と寝床を区分し、外にも自由に出て行けるように飼うと二三〇万円、草刈りをし、木を切り、雑木林化を防ぐと（草地の生物種を二〇種類から七〇種類に増加させることができるので）、それに対して、一七〇万円、というような形で財政からの直接支払いが行われていた。個別具体的に、農業の果たす多面的機能の項目ごとに支払われる直接支払い額が決められている。

このため、消費者も自分たちの応分の対価の支払いが納得でき、直接支払いもバラマキとは言われないし、農家もしっかりそれを認識し、誇りをもって生産に臨めるようになっている。

さらに、米国では農家にとって必要な最低限の所得・価格は必ず確保されるように、その水準が明示されている。それを下回ったら、政策（直接支払い＝不足分の補填）を発動するから安心して作ってください、というシステムが完備されている。

例えば、米国ではコメを一俵四〇〇〇円（日本円換算）で売っても、一万二〇〇〇円（同）との差額の一〇〇％が政府から補填されるようになっている。

一方、我が国は、価格支持をほとんど廃止してしまったうえ、欧米のような直接支払いのシステムは不十分なままだ。

こうした点から、自国の利益を守るという点では、諸外国に比べて、我が国は保護水準がもっとも低くなってしまっているのだ。

♣農産物の価格は需給で決まっていない

今、農業生産資材が高騰しているにもかかわらず、農家は、農産物の販売価格への価格転嫁が十分できずに苦しんでいる。つまり、農家には価格が決められないということだ。

その根本原因はどこにあるのか。

拙著『協同組合と農業経済〜共生システムの経済理論』で、筆者は「価格転嫁ができな

図８　産地 vs 小売りの取引交渉力の推定結果
全品目が買い叩かれている

品目	産地 vs 小売り	品目	産地 vs 小売り
コメ	0.11	ナス	0.399
飲用乳	0.14	トマト	0.338
大根	0.471	きゅうり	0.323
ニンジン	0.333	ピーマン	0.446
白菜	0.375	サトイモ	0.284
キャベツ	0.386	タマネギ	0.386
ほうれんそう	0.261	レタス	0.309
ネギ	0.416	ばれいしょ	0.373

注：産地の取引交渉力が完全優位＝１ 完全劣位＝０ 飲用乳は vs メーカー
出所：結城（2016）、佐野ほか（2020）、大林（2020）
共販の力でコメは 3000 円 /60kg程度、牛乳は 16 円 /kg、農家手取りは増加

い理由は『価格が需給で決まって』おらず、不当な買い叩き圧力があるため」ということを明らかにした。寡占的企業は農産物を買い叩き、消費者には高く売って差益を増やそうとする。この構造が出来上がっている限り、農家は価格にコスト高を反映させられない。

買い叩きの問題を数値で確認しておく。筆者らは、農業サイドと小売りサイドの取引交渉力のパワー・バランスをゼロ（農家が完全に買い叩かれている）からイチ（農家が完全に優位な価格を実現している）までの数字で計算する手法も開発した（図８参照）。

つまり、〇・五が対等な交渉関係に

あることを示し、〇・五を下回っていると農業サイドが買い叩かれているということだ。

さまざまな品目で計算したが、全ての品目で、〇・五を下回った。つまり、総じて、農家が買い叩かれていることが数字でも確認されたのである。農産物を買い叩き、消費者には高く売って差益を増やそうとする寡占的企業の行動の抑制には、農協、漁協、生協などの協同組合に代表される共生システムが、生産者と消費者の双方に適正な価格を提供する役割を果たすことが不可欠である。

拙著は、具体的に農協共販によって、例えば、コメでは一俵約三〇〇〇円、牛乳では一キログラム約一六円の生産者価格向上効果が発揮されていること、消費者価格は抑制していることを新たに開発した計量モデルで実証した。

このように、農協共販の効果はあるものの、それでもまだ、買い手側に有利な価格形成が行われていることは明らかなのである。

♣価格を決めているのは誰か?

ある仲卸業者がこんなふうに言っていたそうだ。

「農家に払う価格はどう決まるかというと、単純に言えば、大手小売りがいくらで売るかで決めるんですよ。大手が小売りの値段を決めてから、その値段から逆算して作物を買うことになる。悪いけれども、農家のコストは関係ない」

これが大手流通のやり方なのである。

市場原理主義経済学は、規制撤廃こそが社会の経済的利益を最大化すると説く。しかし、それは市場参加者が誰も価格支配力を持たないことを前提とした架空の理論なのである。

今、大手流通と農家の関係性に典型的に現れているように、寡占的構造が常態化している現実社会では、規制緩和は寡占的企業への利益集中を促進し、経済格差を増幅するだけなのだ。つまり、大手流通だけが肥え太り、農家がやせ細るということだ。

このように大手流通に価格形成のシステムが取り込まれている状況では、いくら頑張っても現場の努力は報われない。

規制改革推進会議などが「農協共販により不当な利益を農協と農家が得ている」として「農協共販を独禁法で取り締まるべき」と主張しているが、これは明らかに的外れの言いがかりにほかならない。

正しい価格形成のシステムを育んでいこうとするならば、むしろ、農協共販をより強化されることこそが求められている。

本来は、大手流通による小売り部門の「優越的地位の濫用」こそが、独禁法上もしっかり取り締まられるべきなのである（この辺の事情については『協同組合と農業経済～共生システムの経済理論』で詳しく実証している）。

価格を支配しているこうした流通のあり方を抜本的に改革するために、新たな流通ネットワークを含めて、どのようにしていくべきか。

この問題が、消費者にも国民全体にも問われている。

♣各国の価格転嫁誘導策を見る

政府が誘導し、作物のコスト上昇を、流通段階で価格にスライドして上乗せしていく制度が検討されている。

フランスの制度を参考に、日本においても、政府がある程度の強制力を持って、農家のコスト高を流通段階別の価格に反映させていく仕組みを創ろうというのだ。

フランスでは、労働者の賃金も、労働法に基づき二％以上の物価上昇が生じたら自動的に引き上げられることになっている。農産物の取引価格についても、農家のコスト上昇分を販売価格に反映する「自動改訂」を、政策的に誘導する仕組みが一応できている（Ｅｇａｌｉｍ２法による）。

しかし、政府のこの目玉政策については疑問を呈せざるをえない。

そもそもこの政策の参考とされるフランスでも、このシステムの実効性には疑問が呈されていた。小売り主導の強い日本ではなおさらである。

酪農については、米国では、連邦ミルク・マーケティング・オーダー（ＦＭＭＯ）で、酪農家に最低限支払われるべき加工原料乳価は連邦政府が決め、飲用乳価に上乗せすべきプレミアムも二六〇〇の郡別に政府が設定している。さらに、二〇一四年から「乳代－エサ代」に最低限確保すべき水準を示して、それを下回ったら政府からの補塡が発動される、コスト上昇に対応したシステムも完備した。

カナダでは州別ＭＭＢ（ミルク・マーケティング・ボード）に酪農家が結集しているから、寡占的なメーカー・小売りに対する拮抗力が生まれ、価格形成ができる。カナダではＭＭＢを経由しないと、生乳は流通できない。そうしないと法律違反で起訴される。ＭＭ

Bとメーカーはバター・脱脂粉乳向けの政府支持乳価の変化分だけ各用途の取引乳価を自動的に引き上げていく慣行になっており、実質的な乳価交渉はない（さらに、米国もカナダもEUも、政府による乳製品の買い上げによる需給調整と乳価の下支え制度を維持しているが、我が国は、畜安法改正で、こうした政府の役割を条文上も完全に廃止した）。

このように、カナダや米国においては、メーカーなどの流通側が一方的に乳価の価格支配をする構造にはなっていない。政府やいわゆる酪農家の組合が歯止めとなっているのだ。

♣政府の価格誘導政策の腰砕け

日本でも、以前、そのような仕組み作りのための算定ルール（フォーミュラ）の検討が「酪農乳業情報センター」(現J－milkの前身)で行われ、筆者も検討に参加した。ところが、小売り部門の参加が得られなかったこともあり、頓挫してしまった経緯がある。

筆者は、今回の我が国での検討について、「フランスでも実効性には疑問も呈されているし、小売り主導の日本の流通システムで、簡単に強制的なルールが決められるものではないだろう」と予想していた。

それに、「それを検討しているうちに、酪農・畜産をはじめ、農家が赤字でどんどん倒産してしまい、間に合いそうにないこと」を危惧してきた。

現時点では、政府が誘導する強制力の導入の困難さが明白になってきている。

政府も、「やはり、これは無理だ」とわかってきたので、目玉として掲げてしまった価格転嫁誘導策の旗を、どう降ろしてお茶を濁すか、という段階に来ている。

業界の皆さんを集めた協議会をやって、何か「やった感」を出しておしまいになりそうである。民間で話し合う場を設け、「検討してください、ガイドラインを作りましょう」といったレベルで、ある意味、お茶を濁さざるを得なくなっているのではないだろうか。

そもそも消費者負担にも限界があり、生産者に最低限必要な支払い額と、消費者が支払える限界額との間にかなりのギャップが生じている。それを埋めることこそが政策の役割であるはずだが、政府は、政策での財政出動はしないという。

そして、あくまで民間に委ねようとしている。

政府による生産者に対する赤字補填の直接支払いは、すでに冒頭でも指摘してきたとおり、欧米諸国では普通に行われている。

欧米は農家を守るために「価格支持＋直接支払い」を堅持しているのに、日本だけ「丸裸」なのだ。

基本法改正の議論の中でも、「現場への直接支払いは十分行っており、これ以上何も必要はない。それで潰れるなら潰れろ」というような姿勢がしばしば示されてきた。

収入保険は、過去五年の平均収入より減った分の八一％を補填するが、それは売り上げ分だけだから、今回のようにコストが二倍近くに上昇してしまったら、それに全く対応できない。「農家が継続して農業をやっていけるような支払い額」には足りていないのである。

一刻も早く、欧米のように、生産者への直接支払いの拡充が急務になっている。

それなのに、二五年ぶりに農業の「憲法」を改正したにもかかわらず、改正基本法では、「何もしない」と宣言してしまったのである。

♣日本の補助金額は先進国でもっとも低い

❸第三のウソは「農家は補助金漬け」というものだ。
日本の農家の所得のうち、補助金が占める割合いは三割程度である。

一方、ＥＵの農業所得に占める補助金の割り合いは、フランスで九〇％以上、スイスではほぼ一〇〇%であり、日本は先進国の中でもっとも低い。

例えばフランスの農家のデータでは、主食である小麦一三〇ヘクタールの経営が赤字になると、そこから補助金が出てコストとの差額部分を補填し、残りが所得になる仕組みになっている。

こうした扱いを見て、「所得のほとんどが税金で賄われているほうが問題」と思われるかもしれない。

だが、待ってほしい。命を守り、環境を守り、地域コミュニティを守り、国土・国境を守っているのが農家である。その農家を国民みんなで支えるのが欧米の常識だ。

世界では当たり前のことが、当たり前でないのは日本だけである。それがおかしいことかのように思わされている日本こそが、非常識と言ってもよいのである。

イギリスは三〇%台だった自給率を、七〇%（二〇一九年）まで向上させた。

イギリスの農業所得に占める直接支払い補助金の割り合いは、九〇%を超えている。それが自給率の高まりにも影響を及ぼしているといってよいだろう。

カナダ政府が三〇年も前からよく主張している理屈で、なるほどと思ったことがある。それは、農家への直接支払いというのは生産者のための補助金ではなく、消費者のための補助金なのだというのだ。なぜか。

　農産物が製造業のようにコスト見合いだけで価格を決めると、人の命にかかわる必需材を、高くて買えない人が出てくる。それを避けなくてはならないからである。それなりに安く提供してもらうために、補助金が必要になるのだ。

　これは、消費者を助けるための補助金を生産者に払っているわけだから、消費者はちゃんと理解して払わなければいけないのだという論理である。

　日本では、農家に直接届く政策が格段に少ない。これは明らかだ。

　日本の農家一戸当たりの直接支払い額は、欧米の半分程度なのだ。農家一人当たりの農業予算は米国の一／一〇、ヨーロッパの一／二〜一／三である。農家一戸当たりでは、米国の一／五、ヨーロッパの一／二〜一／三しかない（篠原孝議員事務所。一九八ページの図15参照）。

　欧米並みに、農家への直接支払いを増やすべきではないだろうか。

　今の日本では、「農村現場で奮闘している農家を支える政策は、もうこれ以上必要ない（すでに十分な政策があるのに潰れる農家は、潰れればよい）」として、基本法の関連法で、輸出、スマート農業、海外農業投資、農外資本比率を増やすことなどを具体化しようとしている。

しかし、本来、関連法の一番に追加されるべきは、現在、農村現場で苦闘している農業の多様な担い手を支えて、自給率向上を実現するための直接支払いなどの拡充を図る法案でなければならない。

現状では、生産コスト高に対応した総合政策がない。だからこそ農家の廃業が止まらない。こうした政策の欠陥を直視すべきである。

（あらためるべき直接支払いの具体的な数値については、第九章で再度、検討しよう）

♣消費者にもできることがあるはずだ

コストに見合う価格が形成できずに、経営が継続し、次世代に引き継ぐことが難しい状況を変えるためには、大手流通が買い叩きビジネスをやめることが不可欠である。

コメは、一俵の生産コストが一・五万円なのに、米価は一・二万円前後。少なくとも三〇〇〇円の赤字が生じ、生産が減っている。

流通・小売り業界は、買い叩いて一時的に儲かっても、農家が激減したらビジネスができなくなる。

消費者は、「安ければいいと思っていたら、食べるものがなくなる」、ということを理解する必要がある。

消費者にできることもある。

スイスの卵は、国産だと一個六〇～八〇円もする。輸入品の何倍もしても、それでも国産の卵のほうが売れていた（筆者も実際に見てきた）。

小学生くらいの女の子が買っていたので、聞いた人（元ＮＨＫの倉石久壽氏《くらいしひさとし》）がいた。その子は「これを買うことで生産者の皆さんの生活も支えられ、そのおかげで私たちの生活も成り立つのだから、当たり前でしょう」と、いとも簡単に答えたという。日本の消費者もこうありたい。

地域の住民や近郊の消費者などの中には、自分たちも生産にかかわりたいという声が強まっている。農家と住民の一体化で、耕作放棄地は皆で分担して耕す仕組みも重要である。母親グループが中心となって親子連れを募集して、楽しく種まき、草取り、収穫して耕作放棄地で有機・自然栽培で小麦作りをして、学校給食を輸入小麦から地元小麦に置き換えていった実践事例もある。

学校給食への地元農産物供給や、近隣産地の安全で美味しい農産物の自治体による公共調達、買い取りの仕組みが広がりつつあることは期待される。

特別栽培米一・七万円、有機米二・四万円とかで自治体が買い取ってくれるなら、それは農家にとって、安定した出口と安定した価格が提供されることになる。しかも、子どもたちの健康を守るというやりがいもあるのだ。

こうして消費者と生産者がつながって、一緒に作って一緒に食べるようなつながりを大切にしたい。これこそ、トフラーが prosumer （producer ＋ consumer） と名づけたような生産者と消費者の一体化による地域循環的な自給圏である。こうした自給圏が各地に構築され、拡大することにも期待したい。

今こそ認識しないといけない。少々コストが高くても、国内で頑張っている農家を支え合うことこそが、自分たち、子どもたちの命を守る一番の安全保障なのである。

第五章　多様な農業経営体からの後退

♣多様な農業経営体の位置づけはどうなったか？

今回の基本法改正の過程において、農村における多様な農業経営体の位置づけが後退しているとの指摘が多くなされてきた。

さっそくこうした指摘がなされたところからも、多様な農業経営体という捉え方が多方面から期待を集めていたことがわかるわけだが、残念なことに、その位置づけは以前とは変わってしまったというほかない。

この点について触れるために、話の前提となる多様な農業経営体に関する扱いの変化を二〇一五年から見ておく。

まず、「食料・農業・農村基本計画」の二〇一五年と二〇二〇年の基本計画を比べてみよう。二つの計画のスライドを見比べてみてほしい（図9）。

二〇一五年計画では、「担い手」は図の左側だけだったが、二〇二〇年計画には、農水省の一部部局の反対を抑えて「その他の多様な経営体」が右に加えられていた。しかも、これらを「地域を支える農業経営体」と題し、一体として捉えていることが明瞭に読み取

図9　食料・農業・農村基本計画の比較

2015年　基本計画

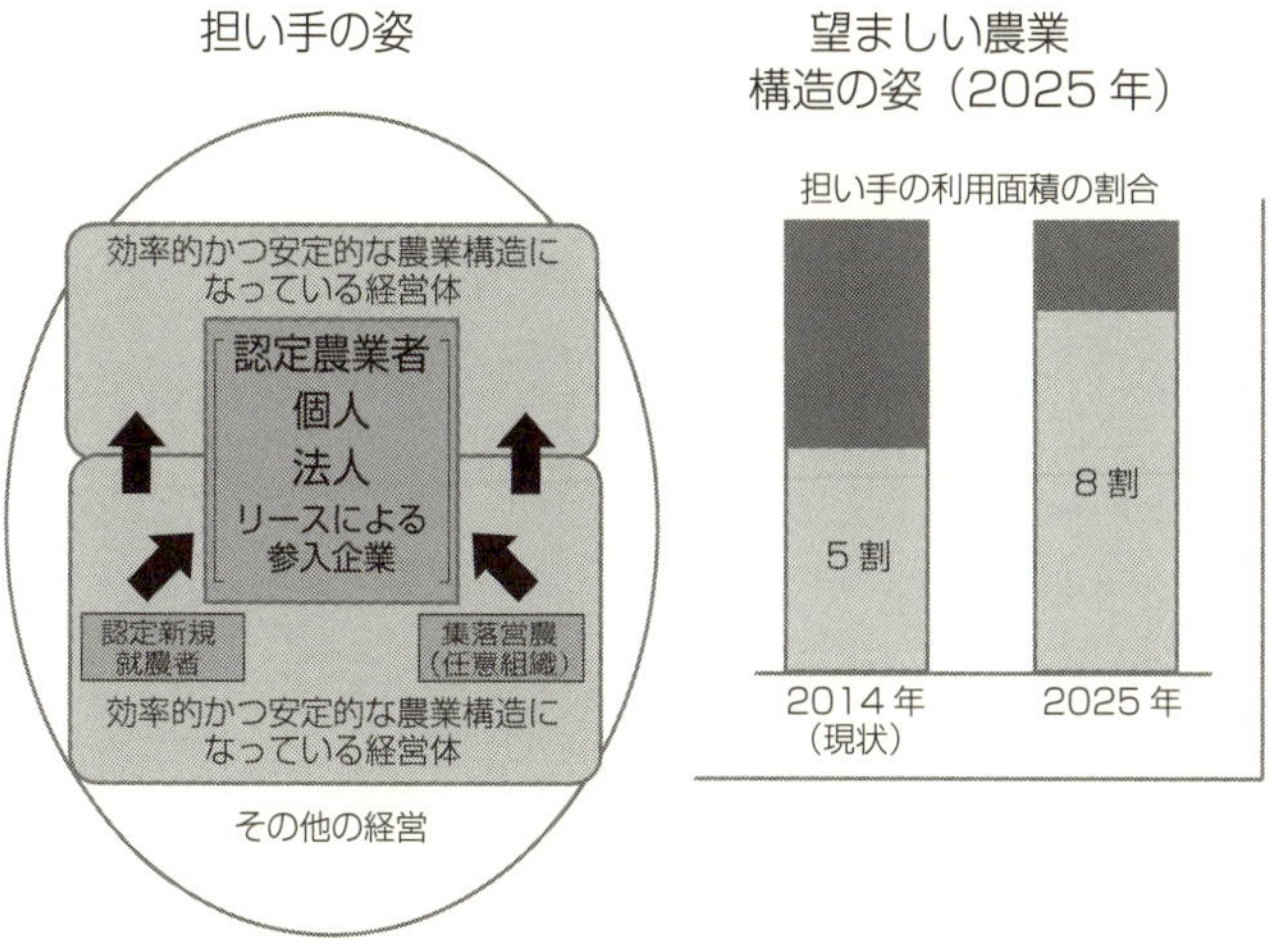

2020年　基本計画

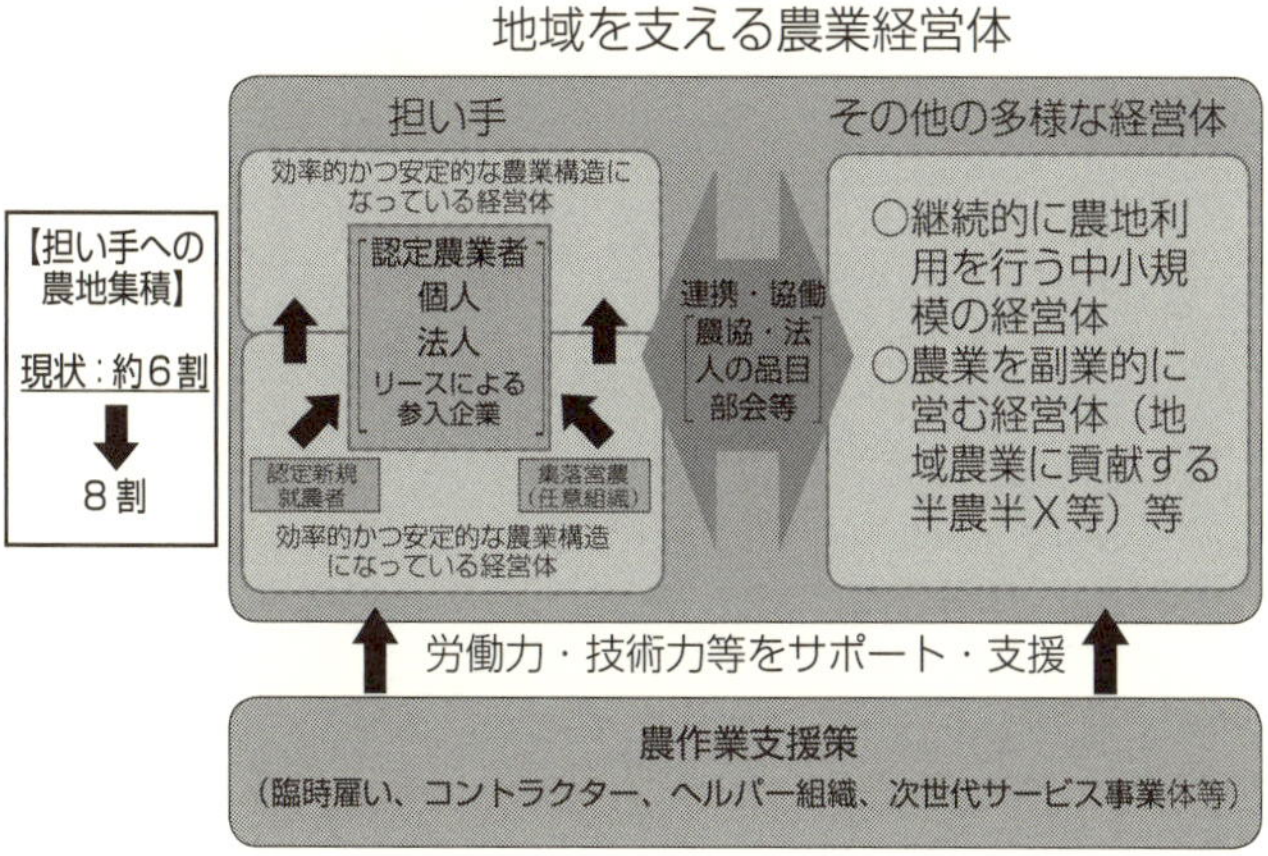

れる。

あくまで「担い手」が中心だが、規模の大小を問わず、「半農半X（半自給的な農業とやりたい仕事を両立させる生き方）」なども含む多様な農業経営体が、地域を支える重要な経営体として一体的に捉える姿勢が復活していた。

二〇一五年計画は、狭い意味での経済効率の追及に傾斜した大規模・企業化路線の推進が全体を覆うものであった。

それに対して、二〇二〇年計画では、前々回の二〇一〇年計画のよかった点が復活し、長期的・総合的視点から、多様な農業経営の重要性が認識され、しっかりと位置づけられていたのである。ところが、今回の基本法改正では、また、逆戻りしてしまったのだ。

九州大学の磯田《いそだ》宏《ひろし》教授は次のように指摘している。

『総合的なTPP等関連政策大綱』（二〇一九年一二月五日＝日米貿易協定国会承認翌日）で、「中小・家族経営がその大宗《たいそう》（大部分）を占めていることに留意し，規模の大小を問わず意欲的な農林漁業者」が「安心して経営に取り組めるようにする」とされ、これを踏まえて二〇二〇年基本計画などで、経営規模の大小や中山間地域といった条件にかかわらず、生産基盤を強化して、農産物を安定供給できる農業構造を実現する、とした。

しかし､今回の基本法の見直しでは、農業の担い手としての「多様な経営体」を否定し､「経営所得安定対策」の対象になるのは「効率的かつ安定的な農業経営」のみとされ、結局「効率的かつ安定的な農業経営」「専業農業者」主義（現行法第二一条、第二二条）へ逆流している。

磯田教授の指摘するように、文字どおりの逆流なのである。

改正基本法では、最終的には、多様な農業者に配慮する文言は追加されたが、条文を見るとわかるように、二六条の一項で、効率的かつ安定的な農業経営に対しては「施策を講じる」としている一方で、二項で、多様な農業者については「配慮する」としていることから、施策の対象は効率的かつ安定的な経営で、その他は施策の対象ではない、と位置づけていることがわかる。

基本的な方向性は、長期的・総合的な持続性ではなく、狭い意味での目先の金銭的効率性を重視している。それは法案全体の言葉遣いからも読み取れる。

結局、二〇二〇年「基本計画」で示された、「半農半X」を含む多様な農業経営体の重視は弱められた。

その結果として、今回の新基本法では二〇一五年「基本計画」に逆戻りし、再び、多様な農業経営体を軽視し、「効率的経営」のみを施策の対象とする色合いが濃くなった。

しかし、こうした企業化路線のみで、苦しい農業の現状が救えると、政府は真面目に考えているのだろうか。

かつて、ある大手人材派遣会社の前会長がこんなことを言っていた。

「地方の山奥など僻地で、しかも農地に向かないような土地に住む必要はない。こういう土地に無理に住んで農業をやれば税金を投入して補助することになる。これこそが無駄というものだ、原野に戻したほうがいい」

これが間違った認識であることは言うまでもない。こうした考えで東京一極集中を進めていけば、いずれ農村のコミュニティは崩壊する。そうなると、少数の大企業的な経営の農家は残るかもしれないが、人口はどんどん都市に集中していくので、いざ外国からの輸入が止まった際、都市に集中する日本人はあっという間に餓死してしまう。

先ほど触れた農業基本法の改正は、まさにこういう方向に向かいかねないことを示している。

いる。

♣多様な農業者の豊かな可能性

今、農村現場は一部の担い手への集中だけでは地域が支えられないことがわかってきている。

定年帰農、兼業農家、半農半X、有機・自然栽培をめざす若者、耕作放棄地を借りて農業にかかわろうとする消費者グループなど、多様な担い手がいてこそ、地域の農業と農村コミュニティは成立する。

「半農半X」の人たちなどとの連携について、全国農協青年組織協議会（略称：JA全青協）の元会長の飯野芳彦《いいのよしひこ》氏の次の発言を引いておこう。

「兼業農家がコンバインから何から揃えるのではなくて、例えば収穫時期なんかだったら、仮に半農半Xで平日は他の働きをしているとすれば、土日は、オペレーターとしてコンバインを動かせばいいのです。大規模経営体は、助かるのです。そのオペレーターがついでに自分とこの田んぼも刈っちゃうみたいな。そうすると、オペとしての収入もあるし、自分の田んぼも維持できるし、コンバインなどを持つリスクもない。

今課題なのが、だんだんみんな年を取ってきちゃって、大きなコンバインを買ったはいいが、そのコンバインで搬出して、トラックでカントリー（エレベーター）まで運ぶ人員がいない。だから、せっかく早刈りのコンバインを買ったのに、眠っているみたいな状況になっちゃう。

だったらトラックの運転手を土日にやってもらうだけでも、これは地域のためにもなるし、自分ちの二〜三町のところもそのオペをやりながら刈るとかでも、あり方としては、僕はいいと思うのですよ。水の管理とあぜの管理と水路のドブさらいをしてもらうだけでも、助かりますから。そのような真ん中の担い手を何か育てられないかなと思っているのですよね」

水路や畔道《あぜ》の管理の分担も含めて、多様な担い手がいるから、地域コミュニティがスムーズに機能するのだ。

それによって資源・環境が守られ、生産量も維持することが可能になる。

農業経済学者、東大名誉教授の次のような言葉が示唆に富んでいる。

「農地は、かつての安定兼業による貸し手市場から転換し、現在は高齢化の進展で借り手市場に様変わりしている。農地がどんどん出てきて、地域の担い手が受けきれない状況も出ている。この傾向は今後さらに強まるだろう。（中略）

二〇二〇年基本計画で、中小・家族経営の生産基盤強化をうたったのは、こうした小規模水田農業地帯の農地市場の変化も背景にある。小規模農業の存在が担い手の成長を阻むという構図は、過去のものになりつつあると認識すべきだ。

新規就農者の動きは今後の地域農業の在り方を左右する。

二〇二〇年の新規就農者は五万三七四〇人だが、そのうち六〇歳以上は五二％、二万八〇〇〇人余もいる。政府は若い新規就農ばかりを強調するが、実際の動向をどう見るかは政策立案の判断にも生かせるはずだ。つまりは、定年など一定の年齢を過ぎ、地元で農業をしようとする動きが強まっているということだ。

これらの層の大半は、規模拡大に結びつかないかもしれないが、担い手の規模拡大を阻害するわけではない。（中略）

大規模担い手が農政の柱であるのは変わりない。だが情勢変化を直視すべきだ。

新規就農の半分以上を占める六〇歳以上も支援しながら、いろいろなタイプの農業者が共存する姿、それこそが基本法見直しを経た新たな日本農業・農村の明かり、道かもしれない。次の時代の指針ともなるかもしれない。（中略）

農政は、実際の生産現場の実態を踏まえながら慎重に組み立てなければならない。制度変更で大事なのはソフトランディング、軟着陸だ。（中略）

担い手不足を補うため企業参入で農地を効率的に営農できるかは、土地条件などで全く異なる。今必要なことは「多様な農業者」で地域農業を盛り上げていくことだ」（https://www.jacom.or.jp/nousei/closeup/2023/230623-67563.php より抜粋）。

♣効率性が見落とすものとは何か？

企業化もけっこうだが、短絡的な目先の効率性には落とし穴があることを忘れてはならない。

「大規模化して、企業がやれば、強い農業になる」という議論には、明らかに抜け落ちている視点がある。

なぜなら、農業が営まれている土地には人々が住んでいて、暮らしがあり、生業があり、コミュニティがあるからだ。目先の利益だけを追求する企業体の場合、そこを全く見ていない。というより、見ようという気もないのだろう。

しかし、そもそも個別経営も、集落営農型システムも、自己の目先の利益だけを目指しているものは成功していない。

成功しているのは、そこに暮らすみんなの発展を考えて経営している。

だからこそ、信頼が生まれて農地が集まり、地域の人々が役割分担して、水管理や畔の草取りなども可能になるのである。

農業が、地域コミュニティの基盤をなしていくことが重要なのだ。

核になるような大きな経営体が地域の農地の多くを受け持ってくれることも大事だが、半農半Xのようなスタイルも含め、多様な経営の共存で、初めて地域コミュニティが成立する。

畦道や水路の管理などの周辺作業を兼業的な農家が受け持ったり、若い参入者が耕作放棄地で自然栽培を始めたり、いろいろなやり方がある。

みんなで地域を守ろうとする集落営農などの取り組みも重要だ。

そこに消費者も参画してほしい。

だから、政策が担い手を「選別」しないでほしいのである。

農家が政策を「選択」できることが重要だ。

多様な経営体が多様なスタイルで頑張っている。それぞれが自分に合った支援策を選択できるようにすべきである。

そういう点から言えば、新基本法において、政策が効率的経営だけを「選別」し、多様な農業経営体の考え方が後退してしまったのは大変残念というほかなかった。

しかし、だからといって、後退したままでいいわけがない。

♣「共」の重要な役割

価格について、共生システムが果たすべき役割について触れておきたい。

すでに前章でも検討したとおり、ほぼすべての農産物の品目で、農家は大手小売りによって買い叩かれている。これを是正できる流れを作らなければならない。

私の調査では、農協や漁協の共販、生協の共同購入とか、協同組合の力は農家の価格を引き上げるために大きな貢献を果たしていることがわかってきた（拙著『協同組合と農業経済』東京大学出版会二〇二二年）。

農協の共販を活用すれば、コメは六〇キログラム当たり三〇〇〇円、飲用乳価は一キログラム当たり一六円の引き上げ効果がある。

このように、協同組合の役割は極めて重要なのである。

自分で価格設定できる販売ルートの確立も必要だ。

例えば、直売所。直売所だけでは小遣い銭稼ぎくらいにしかならないと言われてきたが、いくつもの直売所を転送システムでつないでいくと、多い人は一億円超え、一〇〇〇万以上の売り上げ農家が三〇〇戸にも達している直売所の仕組みもあるくらいだ。

また、産直やフェア・トレードのような独自の流通網を強化して、「正当な値段で安全でおいしい」も行き渡らせることも大事だ。

自分の命を守るためにも、こうした流通網をみんなで支えていく必要がある。

農漁協や生協などの協同組合・共助組織は、今もっとも重要な役割を果たすことが求められている。

農協・漁協の共販によって流通業者の市場支配力が抑制されれば、あるいは、既存の流通が生協による共同購入に取って代わることによって、流通・小売りのマージンが小さくできるなら、農家は今より農産物を高く売ることができ、消費者は今より安く買うことができるようになる。

流通・小売り業界の側に偏ったパワーバランスを是正し、利益の配分を適正化し、生産者・消費者双方の利益を守る役割こそが、協同組合の使命である。

社会のプレイヤーを「私」「公」「共」に分類すると、「私」は「今だけ、金だけ、自分だけ」の強欲な人たち、「公」は政治行政、「共」は協同組合などの相互扶助組織・地域共同体・市民組織というふうに区分けができる。

「私」が「公」を取り込んで、みんなからむしり取ろうとしているこの構造に対抗するためには、「共」が踏ん張って社会を守ることであり、それが社会を変える原動力になる。

「今だけ、金だけ、自分だけ」で、生産者から買い叩き、消費者には高く売ってマージンを得るのではなく、そこに協同組合が取って代わることで、生産者にはより高く、消費者にはいいものを適正な価格で出すことができるようになる。

ネット上の一般からのコメントを見ていても、コロナ・ショックを機に、生産者とともに〝自分たちの食と暮らしを守っていこう〟という機運が高まってきていることがうかがえる。

今こそ、安全・安心な国産の食を支え、国民の命を守る生産から消費までの強固なネットワークを確立する機会にしなくてはならない。

農業者は自分たちこそが国民の命を守ってきたし、これからも守るとの自覚と誇りと覚悟を持ち、そのことをもっと明確に伝え、消費者との双方向ネットワークを強化してほしい。

それを通じて、安くても不安な食料の侵入を排除し、自身の経営と地域の暮らしと国民の命を守る。

消費者はそれに応えてほしい。それこそが、強い農林水産業だと言えるだろう。

特に、消費者が単なる消費者でなく、より直接的に生産にも関与するようなネットワークの強化が今こそ求められてきている。

世界でもっとも有機農業が盛んなオーストリアのペンカー教授の「生産者と消費者はCSA（産消提携）では同じ意思決定主体ゆえ、分けて考える必要はない」という言葉には重みがある。

全国各地域で、行政・JAなど協同組合・市民グループ・関連産業などが協力して、住民が一層直接的に地域の食料生産に関与して、生産者と一体的に地域の食を支えるシステム作りを強化していきたいところである。

政策的には、なんらかの危機により農業者や中小事業者や労働者が大変な状況に陥ったら、最低限の収入が十分に補填される仕組みが機能して確実に発動されるよう、普段からシステムに組み込んでおくことが重要だろう。

国民の命と暮らしを守る安全弁＝セーフティネットのある、危機に強い社会システムの構築が急がれる。

第六章　牛は水道の蛇口ではない

♣酪農の厳しさを知っているのだろうか？

苦しんでいるのはコメ農家ばかりではない。酪農家も苦しみ続けている。

供給量不足と供給過剰への場当たり的な対応をその都度要請され、酪農家はそれに翻弄されてきた。

そもそも近年は、生乳はずっと不足基調だった。二〇一四年にはバター不足が顕在化している。

北海道以外の都府県では生産減少が続いていたが、その生乳の供給不足分を、北海道での増産によってなんとか補ってきたのである。

その状況下で農水省は「畜産クラスター事業」を推進し、供給量の増加を図ってきた。「畜産クラスター事業」とは、酪農・畜産農家に大幅な頭数増加や、機械設備の増強を条件として、補助金を交付する事業である。

この制度によって、酪農の生産量が伸びたところまでは良かった。

二〇二一年には北海道の生乳生産量が前年比一〇四％、都府県の生産量も前年比一〇一

%の伸びが見込まれるまでになった。

しかし、そこにコロナ禍が発生。自粛などによって生乳需要が減少したことで、乳業メーカーの乳製品在庫が積みあがってしまったのである。

学校給食が止まる冬休み期間に生乳処理能力がパンクし、大量の生乳が廃棄される懸念すら生じた。政府は「牛乳を飲もう」と呼びかけただけだが、関係者が全力で牛乳需要の「創出」に奔走した結果、なんとか大量廃棄は回避できた。

関係者の努力には敬意を表するが、これを美談として扱ってはいけない。

もともと牛乳余りが生じたのは、政府による畜産クラスター事業によって生産量が増えたことが原因の一つである。

政府は単に牛乳の生産量を増やすだけではなく、「出口」となる牛乳需要の創出も同時に行うべきだった。コロナ禍という予想外の事態が発生し、牛乳余りが生じたなら、政府が買い上げればよかったである。

だが政府は牛乳の買い上げはせず、代わりに酪農家に対して「牛乳を搾るな」「牛を処分すれば一頭あたり五万円（のちに一五万円）支払う」などという通達を出したのである。

政府の指示で「牛乳を増産するためなら補助金を出す」としておきながら、手のひらを返して「牛乳を搾るな、牛を殺せ」というのはあまりにも無責任だ。

「搾乳に休日なし」という現実を、その通達を出した事務方は知っているだろうか。

一年三六五日、酪農家は一日二回以上牛の乳を搾り続ける必要があり、この仕事を人の都合で止めるわけにはいかないのである。

さらに、牛が搾乳できる状態まで育つには二年半の歳月を要する。いったん牛を減らせば、すぐには増産できない。そこから見えてくるのは、急に「いらない」と言われても、急に「欲しい」と望まれても対応できない酪農の厳しさである。

なお、牛を減らせという通達を出しながら、牛を増やす畜産クラスター事業はまだ続いている。この矛盾を政府はどのように説明するのだろうか。

♣酪農家は七重苦!?

「牛を処分したら一頭あたり一五万円支給するから全国で四万頭を処分しろ」という事業の意味を考えたい。

「バターが足りない」と言われて、国の要請で借金して増産に応じた酪農家に、それが執道に乗った矢先に、今度は「牛を処分して」というのは「二階に上げて梯子《はしご》を外す」話だ。

北海道の酪農家から、「足りないから増やせと言っておきながら、突然、減産せよとは何事だ」と怒りの声が上がったが、当然の反応だ。

そもそも牛を生き物として扱わず、牛の命を顧みずに、短絡的に殺して需給調整をしようとする非情さ、牛を道具としてしか見ていないというのが大問題である。

しかも、牛の血液からいただいている牛乳を、「余ったから捨てよ」というのは、牛への感謝を忘れている。

牛は水道の蛇口ではないのである。

国民も大変だ。「セルフ兵糧攻め」とも言われるように、食料危機に備えて牛乳を国内生産で確保する力を強化すべきときに、逆に牛乳供給力を削いでしまったら、近い将来、今度は足りないということになり、増産しようとしても、牛を育てて牛乳が搾れるようになるには、先も触れたとおり、三年近くかかり、絶対に間に合わない。減らせといっている間に、もう再び、バターが足りなくなってきたりするのだ。

場当たり的な対応を求められ、酪農家は疲弊し、牛の命も翻弄《ほんろう》されている。

ＮＨＫの報道番組（二〇二二年一〇月）でも、酪農家に襲いかかる七重苦を報道してもらった。その七つとは、

①生産資材の暴騰

一昨年に比べて肥料二倍、飼料二倍、燃料三割り高、と言われる生産コスト高

②農産物の販売価格は低迷

コストが暴騰しても、価格転嫁ができない農畜産物価格の低迷

③副産物収入の激減

追い討ちをかける、乳雄子牛など子牛価格の暴落による副産物収入の激減

④強制的な減産要請

さらに、これ以上搾っても受乳しないという減産要請が追い討ち

⑤乳製品在庫処理の多額の農家負担金

脱脂粉乳在庫の処理に、北海道の酪農家だけで一〇〇億円規模の負担

⑥輸入義務でないのに続ける大量の乳製品輸入

「低関税で輸入すべき枠」を「最低輸入義務」と言い張り、国内在庫が過剰でも莫大な輸入は続ける異常事態の継続

⑦他国では当たり前の政策が発動されない
コスト高による赤字の補填、政府が在庫を持ち、国内外の援助に活用するという他国では当たり前の政策がない

♣今、政府がやるべきこととは？

報道でも指摘したとおり、今やるべきは前向きの財政出動ではないのか。

増産してもらって、国の責任で、備蓄も増やし、フードバンクや子ども食堂にも届け、海外支援にも活用すれば、消費者も、生産者も、牛も、皆が助かり、食料危機にも備えられる。

実は、この乳製品の消費低迷の背景には、コロナ禍で収入が大幅に減少し、牛乳が飲みたくても買えない人が増え、需要がさらに減っているという問題もあるはずなのだ。

飲みたくても飲めない人たちに、手を差し伸べるべきではないのか。

例えば米国は、三三〇〇億円をかけてコロナ禍による困窮者に食料を提供するために、緊急予算で農産物を買い上げた。

そもそも、米国の農業予算は年間一〇〇〇億ドル近いが、その六四％がSNAP（かつてのフードスタンプ）での消費者の食料購入支援なのだ。

「EBTカード」を配り、所得に応じて最大七万円（月額）まで食品を購入でき、代金は自動的に受給者のSNAP口座から引き落とされる制度である。

この消費者支援だけで一〇兆円。これによって、結果的に農家も助かるから農業予算としている。欧米では当たり前の政策を、日本だけがなぜやらないのか。

政府は「乳製品はすでに一切、買わないと決めている」という言いわけを繰り返すばかりだ。コメ余りの際も、「コメは備蓄用に一二〇万トン以上は買わないと決めたので、断固できない」と、こうした政策を意固地に拒否し続けている。

生乳が余り、バター・脱脂粉乳の製造能力がパンクするほどの非常事態に、牛乳を政府が買いつけて困窮世帯に配ることくらい、なぜできないのだろうか。

しかも、生乳換算一三・七万トンもの乳製品を、「国際的に約束した輸入義務だ」として輸入している。

これは国際的な輸入義務ではないのに、国内で乳製品が余っているときに、日本だけが莫大な輸入を続けているのだ。

♣表示の厳格化の名目で行われた「GM非表示制度」

食品表示をなくし、何でも食べさせようという動きも強まっている。

二〇二三年四月から、酪農・畜産の飼料も含めて、「遺伝子組み換えでない（ｎｏｎ－ＧＭ）」表示が実質的にできなくなった。

今回の改正は、「表示の厳格化という名目で行われた『ＧＭ非表示制度』の履行」というのがほんとうのところだ。

新制度では、「混入ゼロの場合しかｎｏｎ－ＧＭ表示を認めない」とされている。これに違反すれば摘発されるから、怖くて誰も表示できなくなる。

なぜ、わざわざそうまでして非表示が必要なのか。

「遺伝子組み換えでない」という表示を認めている点が問題とされたのである。

むろん、それは日本国民にとってではない。その表示が、米国にとって不利に働くと考えられたからである。

「『ＧＭ食品は安全だ』と世界的に認められているのに、ｎｏｎ－ＧＭ表示を認めると、

ＧＭがまるで安全でないかのように消費者を誤認させるおそれがあるから、やめるべきだ」という米国の要求を、ピッタリ受け入れた結果である。

さらに、そもそもゲノム編集の表示は最初からなされていない。

そのうえ、「無添加の表示も厳密でないからやるな」ということになったのだ。「コオロギのパウダーが入っているかどうか」も表示されない。まさに、「わからないようにして、何でも食べさせろ」という話になってしまった。

ここでは、乳牛の乳量増加のための遺伝子組み換え成長ホルモン（γ《ガンマ》ＢＳＴ、商品名はポジラック、Ｍ社開発）に話を絞って書く。

筆者は、一九八〇年代から、この成長ホルモンを調査しており、米国でのインタビュー調査を行った。

その結果は、「絶対大丈夫、大丈夫」と認可官庁とＭ社と試験をしたＣ大学が、同じテープを何度も聞くような同一の説明ぶりで「とにかく何も問題はない」と大合唱していた。約四〇年前に、筆者はこの三者の関係を「疑惑のトライアングル」と呼んだ。

認可官庁とＭ社は、Ｍ社の幹部が認可官庁の幹部に「天上がり」しており、認可官庁の幹部がM社の幹部に「天下る」という、文字どおりにグルグル回る「回転ドア」の人事交流をしている。

そのうえ、M社からの巨額の研究費を受けているC大学の専門家が試験して、「大丈夫だ」との結果を認可官庁に提出しているのである。

米国では、γBST投与牛の牛乳・乳製品に、乳がんは七倍、前立腺がんは四倍の発症リスクがあるとの論文が著名な学会誌（Science, Lancet）に出されたのを契機に、反対運動が再燃した。

まず、バーモント州が、γBSTの使用を表示義務化しようとしたが、M社の提訴で阻止された。そして、γBST未使用（γBST -free）の任意表示についても、そういう表示をする場合は、必ず「使用乳と未使用乳には成分に差がない」(no significant difference has been shown between milk from γBST／γBGH -treated and untreated cows.）との注記をすることを、M社の働きかけで、FDA（食品医薬品局）が義務づけた。

それでも、米国の消費者は負けなかった。

「私たちの周りには、ホンモノを作ってくれている生産者がいる。その生産者と信頼のネットワークを作って安全、安心を確かめながら食べていけば、表示なんかなくたって命は守れるし、頑張っている生産者も支えられる」と考え、実際にそれを実行に移した。

γBST不使用の酪農家とネットワークを作り、自分たちの流通ルートを確保。その流通ルートでは、「不使用」だけを流通させる流れを作って、安全・安心な牛乳・乳製品の調達を可能にした。

この信頼のネットワークの広がりによって、ウォルマート、スターバックス、ダノンなどは、〝不使用宣言〟を出さざるを得ない事態に追い込まれた。

利益が減ったM社は、γBSTの権利を売却した。

米国では、米国内消費者は〝γBST不使用〟を買うようになっているが、まだ、米国酪農家の三割り程度はγBSTを使用している。これが、日本に輸出されている可能性がある。日本は、国内ではγBSTは使用禁止だが、輸入はザルになっているからである。

認可もされていない日本で、米国のγBST使用乳製品は港を素どおりして、消費者は知らずにそれを食べている。

所管官庁と考えられる省は、双方とも「管轄ではない（所管は先方だ）」と言っていた。いわば、政府が現在やっていることは、〝人も牛も大切にしない政策〟なのである。

♣ゲノム編集の怖さ

さらにゲノム編集についても触れておく。

ゲノム編集とは、主として、生物のＤＮＡを切り取って、特定の遺伝子の機能を失わせる技術である。

政府は、「ゲノム編集は遺伝子組み換えではないから問題ない」という不正確な説明に基づき、「審査も表示もするな」という米国の要請をそのまま受け入れてしまった。このため、現在、ゲノム編集は完全に野放しになっている。

血圧を抑えるＧＡＢＡ《ギャバ》の含有量を高めたというゲノムトマト。

このトマトは某大学が税金も使用して開発して、その成果が企業に払い下げられたものである。ゲノムトマトの啓蒙活動もすでに始まっている。

ゲノムトマトは、まず家庭菜園四〇〇〇軒に配られた。さすがに消費者の不安を懸念したのか、最初は家庭菜園ということになったようだが、二〇二二年からは障害児童福祉施設、二〇二三年から小学校に無償配布して育ててもらい、普及させようとしている。

しかし、ゲノム編集については、安全性への懸念が払拭《ふっしょく》されていない。ゲノムを切り取った細胞の一部ががん化しているとか、新しいたんぱく質ができてアレルギー反応を起こす可能性などの研究結果が報告されている。

世界的にも慎重な対応が求められている流れがあるにもかかわらず、前のめりなのが日本だ。

消費者の不安を和らげてスムーズに普及させるために、子どもたちを突破口（実験台）にする食戦略を「ビジネスモデル」として国際セミナーで発表までしている。そして、うまく浸透させた暁には、その利益は特許を持っている米国のグローバル種子農薬企業に入るのだ。

日本では、戦後すぐに学校給食を通じて行われた「胃袋からの占領政策」が今も形を変えて続いていると言える。

日本はゲノム編集を動物に実用化した世界で最初の国となり、ゲノム編集された肉厚なマダイやトラフグが、すでに寿司のネタとして一部で出回っているという。

日本ではあまり知られていないが、実は、海外では広く認知されているようだ。

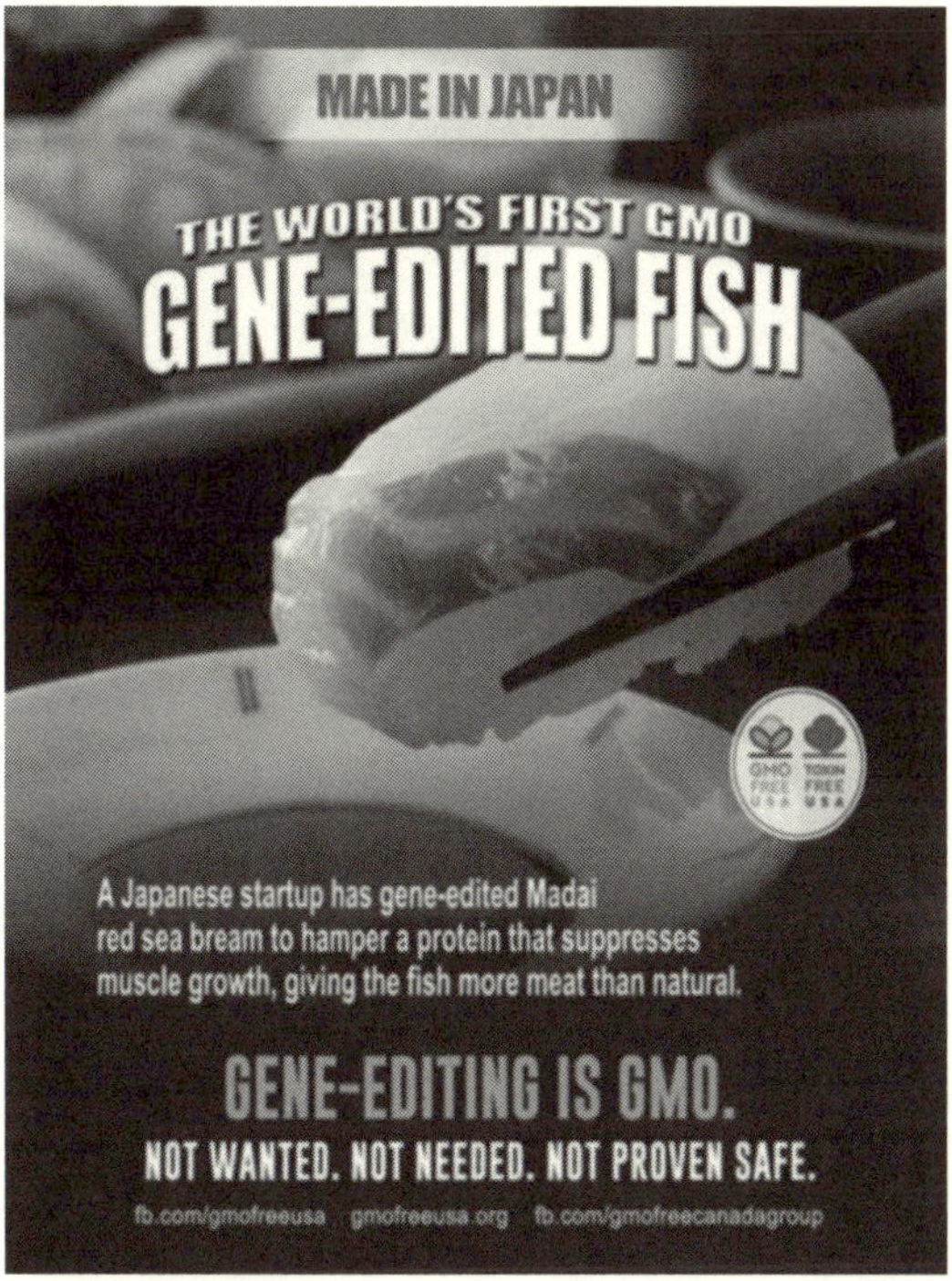

米国消費者団体のポスター「要らない」「必要ない」「安全性が確認されていない」
https://www.chosyu-jo U R nal.jp/seijikeizai/24925

米国の消費者団体は、ポスター（左の写真参照）まで作って、
「もう日本の寿司は食えねぇ」

と発信している。

日本人が知らないうちに、日本の食品は「世界最先端（の危険な食）」となってしまっているのだ。

ともあれ、米国の消費者がγBST不使用の運動で行ったことは、日本の今後の対応についての示唆となる。

消費者が拒否し、ホンモノを生産する農家と結びつけば、企業をバックに政治的に操られた「安全」は否定され、危険なものは排除できるのだ。

国が動かなくとも、私たちは私たちの力で、日本社会が古来より持っている地域循環的な共同体的な力を発揮し、日本各地で頑張ってくれているホンモノの生産者と消費者の信頼のネットワークを強化すれば、決して負けることはない。

♣今こそ消費者の力が必要なとき

大きな力が私たちの命や社会を蝕もうとしても、必ず跳ねのけることはできる。そうした動きは、すでに全国各地に広がっている。

私たちが、例えばまずは学校給食から地元の安心・安全な食物を提供する仕組みを作っていくことで、米国の思惑が入り込む余地をなくしていくことが肝心だ。

こうした形で子どもたちの健康を守り、地元の生産者も守る素地を作っていくことができないだろうか。

その際、学校給食はとても大事なキーワードになる。酪農については、国産であれば、すべてγBST不使用なのだから、国産の牛乳・乳製品がいかにホンモノか、国産の重要性はこの点からも明白である。

このことをもっと消費者に認識してもらうべく、しっかりアピールすべきだろう。

カナダの牛乳は一リットル三〇〇円で、日本より大幅に高いが、消費者はそれに不満を持っていない。

筆者の研究室の学生のアンケート調査に、カナダの消費者から「米国産の遺伝子組み換え成長ホルモン入り牛乳は不安だから、カナダ産を支えたい」という趣旨の回答が寄せられた。

農家・メーカー・小売りのそれぞれの段階が十分な利益を得たうえで、消費者もハッピーなら、値段が高く困るどころか、これこそが皆が幸せな持続的なシステムではないか。

「売り手よし、買い手よし、世間よし」の「三方よし」が実現されている。

日本では、「三方よし」でなくては持続できないことがわからないのだろうか。

社会全体がそうだ。今や日本は、労働を買い叩き、先進国で唯一何十年も賃金と所得が下がり続け、先進国で貧困率が一番高い米国を抜いて、一位になってしまった。それどころか、国連の飢餓地図（Hunger Map）で、アフリカ諸国などと並んで、栄養不足人口の多い国（ピンク色以上）の仲間入りをしている。

ここまで、「三だけ主義」で一部の人だけが儲ける構造が進んで人々を苦しめている。このままでは日本社会が持続できなくなる。

こうした「三だけ主義」に抗する力として、売り手・世間・買い手の三方が喜べる持続的システムを模索していかないといけない。

♣目先の安さを追求した先には…

「三方よし」の関係を成立するためには、消費者の役割も重要であり、消費者自身が、正しい情報を選択し、成熟していかなければならない。

輸入農水産物が安い、安いといって、目先の安さにつられて食品を選んでいるうちに、食べるものが、エストロゲンなどの成長ホルモン、成長促進剤のラクトパミン、遺伝子組み換え等々の食材ばかりになってしまうおそれがある。リスク満載の食品を食べ続けて病気の確率が上昇するなら、これは安いのではなく、こんなに高いものはないということになる。食に対して、目先の安さを追求することは、命を削ることになりかねない。それで子や孫の世代に責任を持てるのかということだ。

日本で、十分とは言えない所得でも奮闘して、安心・安全な農水産物を供給してくれている生産者をみんなで支えていくことこそが、実は、長期的にはもっとも安いのだということを、消費者もぜひ理解してほしい。

福岡県の郊外のある駅前のフランス料理店で食事したときに、そのお店のフランス人の奥様が話してくれた内容が心に残っている。「私たちはお客さんの健康に責任があるから、顔の見える関係の地元で旬にとれた食材だけを、大切に料理して提供している。そうすれば、安全で美味しいものが間違いなくお出しできる。輸入物は安いけれど不安だ」と切々と語っていた。

牛丼、豚丼、チーズが安くなってよかったと言っているうちに、気がついたら乳がん、前立腺がんが何倍にも増えて、国産の安全・安心な食料を食べたいと気づいたときに自給率が一割りになっていたら、もう選ぶことさえできない。

そして、日本の生産者は、自分たちこそが国民の命を守ってきたし、これからも守るとの自覚と誇りと覚悟を持ち、そのことをもっと明確に伝え、消費者との双方向ネットワークを強化して、地域を食いものにしようとする人を跳ね返していかなくてはならない。安くても不安な食料の侵入を排除し、自身の経営と地域の暮らしと国民の命を守らねばならない。

消費者も生産者の頑張りに応えてほしい。それこそが強い農林水産業である。

♣牛を大切にすることが持続性につながる

章の最後に、もう一度、牛について考えよう。

健康な牛とは何か。

人間だけでなく、この世に生を受けたものすべてに共通することとして、快適に天寿を全うできることが、「健康」の意味ではないかと思う。

筆者は、ビジネスとしての背に腹は代えられぬ酪農家の経営選択を否定するものでは全くない。酪農家が生きていくためには、経営の効率化が不可欠である。そのためには牛の立場から考えるような余裕はないかもしれない。牛のことばかり思いやって、経営が破綻したのでは元も子もない。

しかし、ひとたび牛の立場に立ってみると、なかなか考えさせられてしまう。牛は、効率的に牛乳生産をするための道具ではない。

十分な運動のできるスペースも与えられず、搾れるだけ搾って、出が悪くなったら、二〜三年で屠殺されてしまうのでは、牛の一生はあまりにも悲しくはないか。

肉牛の場合は肉にするのが目的だから、そんなことも言っていられないかもしれないが、牛乳生産の場合は、可能な限り長生きしてもらうことは不可能ではない。

牛が十分に運動できる放牧スペースがないのに頭数を増加すると、牛が快適でないだけでなく、糞尿の過投入で、硝酸態窒素《しょうさんたいちっそ》の多い牧草によって牛が酸欠症でバタリと倒れて死亡してしまう。これは「ポックリ病」とも呼ばれ、平均一〇〇頭程度死亡しているとの統計もある（西尾道徳《にしおみちのり》『農業と環境汚染』農山漁村文化協会、二〇〇五年）。

経営効率を優先することは大事だが、牛を酷使し、環境に負荷を与え、回りまわって人の健康をも蝕《むしば》むならば、それで儲かって何になるか、ということになろう。業界としても、仮に目先の業界の利益にはなっても、全員で「泥船」に乗って沈んでいくようなものである。つまり長期的には、本当の意味での経営効率を追求したことにはならないわけである。

我が国においても、かなり特別な経営ではあるが、六頭程度の少頭数飼いで、濃厚飼料は使わず、一三産（一五歳）まで天寿を全うするように育て、生乳はすべて自家で加工し、低温殺菌乳の宅配、ホテルとの契約、チーズ（七種類）とヨーグルト、お菓子の売店とネット販売で生計を立てている酪農家もある。

さらには、代用乳は与えずに母乳で育て、牛が一九歳で老衰で死ぬまで牛との生活を楽しみ、その生き方に共鳴した消費者が支えとなっている経営もある。

農業、酪農・畜産の営みというのは、健全な国土環境と国民の心身を守り育むという、大きな社会的使命を担っている。

本当の意味での「強い農業、酪農・畜産」を自分たちの力で築くこと、それは単純に規模拡大＝コストダウンでは実現できない。「少々高くてもモノが違うから、あなたのものしか食べたくない」という消費者との信頼関係こそが、本当に強い農業、酪農・畜産を実現する。

スイスのように、生産過程が、環境にも、動物にも、生き物にも優しいことが、できたものも人に優しい「本物」になるという視点は重要である。

環境にも、家畜にも、人にも優しい酪農・畜産は、経営効率と矛盾しない。牛にも人にも環境にも優しい経営が、究極的には生産効率が高いのだ。

牛を酷使するのでなく、牛の健康を大切にすることが、一番生産性を高め、経営の持続につながることを忘れてはならない。

酪農コンサルタントの菊地《きくち》実《みのる》氏が指摘しているように、家畜にとって理想の環境は次の三つである。

「外気と同じ品質の空気」「草原と同じ機能を持った牛床」「食う、飲む、横臥《おうが》の自由」。

我々に必要な考え方は、「理想に近づける」である。

理想に近づいた程度と家畜の健康度は、パラレルの関係にある。動物にも人にも優しい環境を創ることが、高い生産性を得る唯一の方法なのである。

第七章　田んぼ「潰し」に七五〇億円

♣コメ流通自由化の背景にあるもの

「政府が価格を決めて農産物を買い取る遅れた農業保護国」という日本農業批判があるが、実は、それを唯一やめたのが日本であって、他の国は自国の農業を徹底的に保護している。価格支持政策をほぼ廃止したWTO加盟国一の哀れな「過剰優等生」が日本で、他国は現場に必要なものはしたたかに死守している。米国・カナダ・EUでは、設定された最低限の価格（「融資単価」、「支持価格」、「介入価格」など）で政府が穀物・乳製品を買い上げ、国内外の援助に回す仕組みを維持している。

一九九三年末に合意されたガットのUR（ウルグアイ・ラウンド）合意では、輸入数量制限の全廃＝例外なき関税化に加え、国内政策もカバーした貿易歪曲性の高さにより分類し、包括的な規律の設定と支持・保護の引き下げが実現した。我が国はコメの関税化の猶予措置を確保したが、代償としての輸入枠拡大に耐え切れず、一九九九年に関税化へ切換えた。

関税は農産物全体で三六％削減とされた。国内政策は、貿易歪曲性の高さにより分類し、増産に結びつく価格支持政策などを「黄」の政策＝削減対象、増産に結びつきにくい環境政策などを「緑」の政策＝削減対象外、などと分類した。

しばしば、欧米は価格支持から直接支払いに転換した（「価格支持→直接支払い」）と表現されるが、実際には「価格支持＋直接支払い」のほうが正確だ。つまり、価格支持政策と直接支払いとの併用によってそれぞれの利点を活用し、価格支持の水準を引き下げた分を、直接支払いに置き換えているのである。

特に、ＥＵは国民に理解されやすいように、環境への配慮や地域振興の「名目」で理由づけを変更して、農業補助金総額を可能な限り維持する工夫を続けているが、「介入価格」による価格支持も堅持していることは意外に見落とされている。

日本だけが「黄」＝「削減対象」を「撤廃」と捉え、直接支払いは不十分なまま、価格支持をやめてしまった。一九九五年の食管制度の廃止で、コメの政府買い入れを備蓄米の一五〇万トンに限定して、実質的に政府買い入れの需給調整機能をなくしてしまった。こうした「過剰優等生」ぶりは、当時の農水省ＨＰにも一四八ページの図10のように如実に示されていた。

図 10　日米欧の国内保護比較

	削減対象の国内保護総額	農業生産額に対する割合
日本	6,418 億円	7%
米国	17,516 億円	7%
EU	40,428 億円	12%

出所：農林水産省

戦後、一貫して続いてきた米国の圧力も大きく影響した。米国は、自国で余っている小麦・大豆・トウモロコシを日本に引き取らせてきた。

むろん、米国はコメも日本にもっと買わせたかった。「胃袋」をがっちり握って言うことを聞かせるのが米国流の支配だからだ。

ウルグアイ・ラウンドで七七万トンのコメ輸入枠が決まった。このうち三六万トンは必ず米国から買わされる「密約」をさせられた。

しかも、米国におけるコメの生産コストはベトナムやタイに比べて高いが、安くコメを売れるように、差額分を全額、農家に米国政府が払っている。

すでに第三章でも触れたとおりだが、小麦・大豆・トウモロコシ・綿花についても同様の措置を講じており、穀物三品だけで、多い年では一兆円を輸出向けの差額補填に使っているくらい徹底的に国費を投入しているのである。

巨大な輸出補助金制度が機能している。

これに対して、日本はもともと輸出補助金がゼロである。新たに制度を設けてもいけない、農家から買い取り、在庫を持つ政策をやってはいけないと、ウルグアイ・ラウンドの合意を過剰解釈し、政府が率先して全部やめたのである。

♣セーフティーネットなしの自由競争へ

農家が持続的なコメ作りに取り組んでいくには、生産コストに見合った米価が求められる。

しかし残念なことに、きちんと機能するセーフティーネットがほとんどないまま、コメ農家は自由化と規制改革の大波にさらされることになった。

セーフティーネットとしては、「『収入保険』や『ナラシ』があるじゃないか」と反論があるかもしれない。

すでに説明したとおり、収入保険は、過去五年間の収入の平均額を算出し、この金額と申告時点の収入との差額のうち、八一％を農家に支払う仕組みである。

しかし、流通自由化が進み米価が下がれば、算定基準となる五年平均の基準額も下がる可能性が高い。より低くなった基準額と、より少なくなった所得との差額の八割りを補填してもらっても、農家の経営が改善されるだろうか。しかも、対象は販売収入だけで、コストは勘案しないので、最近の生産資材の暴騰には全く役に立たない。

もう一つのセーフティーネットが、二〇〇六年度から施行された「農業の担い手に対する経営安定のための交付金の交付に関する法律」で措置された収入減少影響緩和対策、いわゆる「ナラシ」だ。

こちらも収入保険同様、五年間の平均所得を基準額として、申告時点での収入との差額の九〇％を農家に支払う仕組みである。その原理は収入保険と同じであり、やはりセーフティーネットと呼ぶには不十分なのである。

民主党政権下で二〇〇九年に導入された「戸別所得補償制度」も廃止された。

戸別所得補償制度とは、コメなどの農産物の価格が生産コストを下回った場合に、国がその差額分を生産農家に補償する制度で、セーフティネット機能を持っていた。しかし、自民党が政権に復帰してから、政府はこれをしだいに減額し、二〇一八年に廃止した。

♣日本農業の担い手とは誰か

規制改革論者は、「ひたすら規模拡大を進めれば確実にコストは引き下げられ、米価も安くできる」「そうすればいくらでも輸出できる」などとしきりに主張している。

日本農業の土地条件を度外視した空論というしかない。

コメの生産コストを下げればよいと簡単にいうが、たとえ規模拡大を進めた農家でもコストカットは容易にできるものではない。

というのも、日本のコメ農家の場合、地域のあちらこちらに点在する田んぼを寄せ集めての規模拡大にならざるを得ないからだ。

オーストラリアのように、一面一区画の畑が一〇〇ヘクタールというわけではない。日本でも一〇〇ヘクタールの稲作経営はあるが、それは水田が一〇〇ヵ所以上に分散している。北海道のもっとも大きな水田一区画でも、六ヘクタールくらいだ。これでは耕作にかかる手間暇は容易に合理化できず、コストカットを図るにしてもおのずと限界が出てしまう。

図 11　作付規模別の全算入生産費
令和 4 年産・個別経営体・全国、10a 当たり

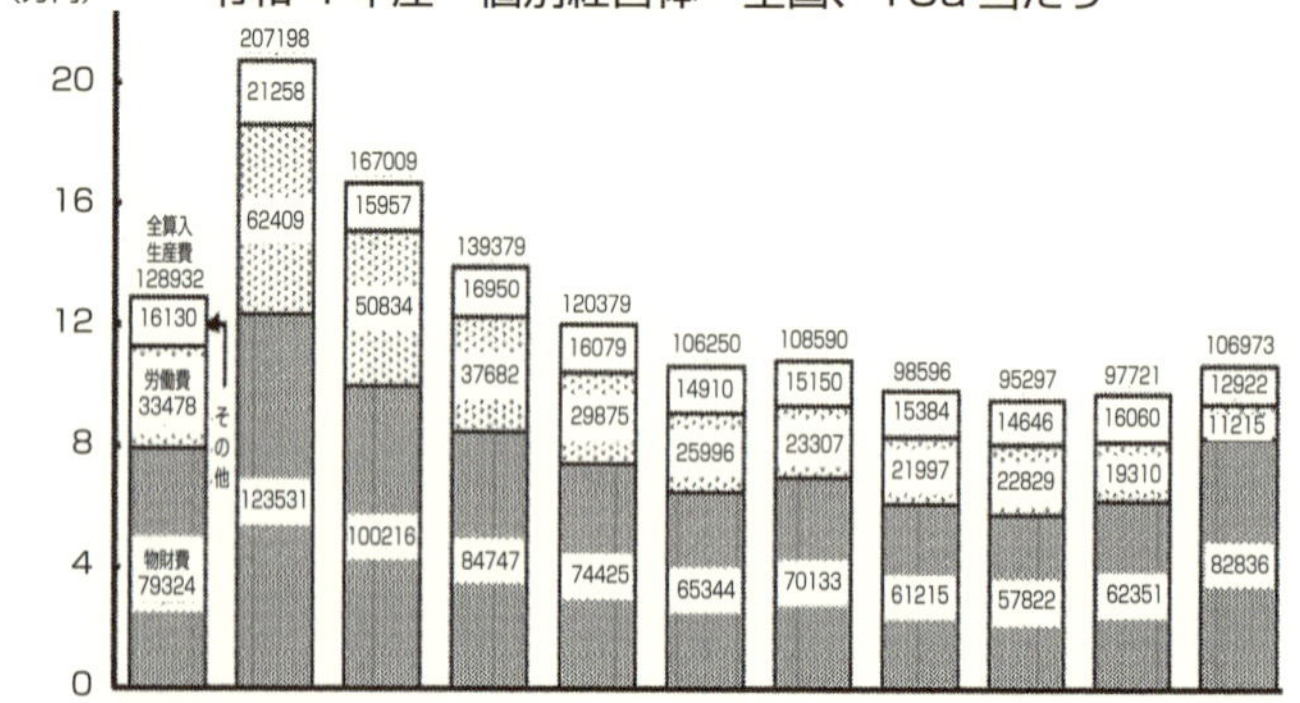

	全国平均	0.5 未満	0.5～1	1～3	3～5	5～10	10～15	15～20	20～30	30～50	50 以上 (ha)
60kgあたり全算入生産費	15273	25811	20567	16836	14262	12632	12244	10797	11058	11051	12660 (円)
1 経営体あたり作付面積	181.3	35.7	72.3	175.6	388.7	696.4	1191.3	1671.3	2443.2	3489.0	10610.2 (a)

https://www.maff.go.jp/j/tokei/kekka_gaiyou/noukei/nou_seisanhi/r4/kome/index.html

出所：農林水産省

農水省のコメ生産費調査でも明らかなように、六〇キログラム当たりの生産費は、一五～二〇ヘクタール層の一〇七九七円を底にして、二〇～三〇ヘクタールになると一一〇五八円、五〇ヘクタール以上は一二六六〇円と上昇している。

だから、規模拡大でコストダウンして輸出米を大幅に増やそうという見解も空論だ。コストも下がらないのに、輸出補助金もなしに、もともと日本より低いコストのコメを補助金漬けにしたダンピング輸出に打ち勝つことは不可能だ。

そもそも、稲作農家が赤字でいなくなってしまいそうなときに、輸出の議論をしている場合だろうか。

♣コメ備蓄の重要性

増産したコメは備蓄すればいいではないか。

中国は今、「有事に備えて一四億人の人口が一年半食べられるだけの穀物を備蓄する」として、世界中から買い占め始めている。

かたや日本の備蓄はどれだけあるのか。

コメを中心にせいぜい一・五ヵ月。これだけで、海外から食料や生産資材が止められたときに、国民の命を守れるわけがない。中国とは全くレベルが違う。

日本は国内のコメの生産力も十分あるのだから、もうちょっと増産して備蓄すればいいはずだ。

そうすれば、みんなが困ったときに食料を国内でちゃんと確保することができる。

コメは減反を続け、現在七〇〇万トン弱しか作っていないが、日本の水田をフル活用すれば一三〇〇万トン作れる。そうすれば一年半とは言わなくても、日本人がしばらく食べられるだけの備蓄はコメを中心にできるはずなのである。

「そんな金がどこにある」と財務省が言えばおしまいになるが、これこそよく考えてほしい。米国の在庫処分のトマホークを買うのに、五年間で四三兆円も使うお金があるというなら、まず国民の命を守る食料をしっかりと国内で確保するために、仮に何兆円使っても、それこそが、第一の「国防」ではないか。

いったん物流が止まれば、すべてが停滞してしまう海外の日本向け生産への投資などに資金を使うなら、どうして国内生産強化に財政投入しないのか。

財政負担が限界だという説明は理由にならない。

命を守る安全保障はどうしても必要なものだから、予算はなんとしてでも捻出しなくてはならないはずである。農水予算がないというなら、それこそ国防の根幹として、防衛省予算から支出すればよいのではないか。

国民の生命の源たる食料、その基軸となるコメの国内における持続的な生産を守っていく。このことこそが、政府の最大の責務である。

♣日本が海外への食料支援を進めない理由

また、備蓄米は子ども食堂やフードバンクを通じた国内援助や海外援助にも活用できる。例えば、米国は援助に大金を投じている。

国内援助では貧困家庭支援も充実させている。米国政府は三三〇〇億円を投じて農産物を直接買い入れ、コロナ禍で生活が苦しくなった人々や子どもたちに配給するという人道支援を行った。

そもそも、米国の農業予算は年間一〇〇〇億ドル（約一一兆円）近いが、驚くことに予算の八割り近くは「栄養（Nutrition）」に使われている。しかも、そのうちの八割りが、Supplemental Nutrition Assistance Program（ＳＮＡＰ）と呼ばれる低所得者層への補助的栄養支援プログラムに使われている。ＥＢＴカードで所得に応じて最大約七万円／月まで食品を購入できて、代金は自動的に受給者のＳＮＡＰ口座から引き落とされる。

なぜ消費者の食料購入支援の政策が農業政策の中に分類され、しかも六四％も占めるほどの位置づけになっているのだろうか。

この政策の重要なポイントはそこにある。つまり、これは、米国における最大の農業支援政策でもあるのである。消費者の食料品の購買力を高めることによって、農産物需要が拡大され、農家の販売量も増え、価格も維持できるということだ。

米国の政策には、ほかに海外援助もある。

コメを食べるアフリカ諸国に対する米国商社の信用売りの保証人に米国政府がなるのも、米国の得意とするところだ。お金がなく、融資が焦げつくことを前提にした保証人だ。たとえ支払いが焦げついても、政府が輸出企業への支払いを肩代わりするシステムが出来上がっている。実質的な輸出補助金だ。海外も含めて需要を創出している。

日本も、むろん、やろうと思えば援助はできるはずだ。

しかし、それをやろうとはしない。

日本国内でも、コロナ禍で一日一食しか食べられない人が増え、苦しんだ。

実は、コメは余っているのではなく、足りていないのだ。減反なんぞしている場合ではない。コメをしっかり生産して、米国のように政府が買ってフードバンクや子ども食堂に届ける人道支援を、日本政府はなぜ拒否するのか。

日本政府は、「政府は、コメを備蓄以上に買わないと決めたのだから、断固できない」

と意固地に、人道支援の買い入れを拒否している。

政府のメンツを保つだけのために、苦しんでいる国民や農家が放置されたまま。これでいいのだろうか。

消費者を救えば生産者も救われる。それがわかっているのに、いっこうにやろうとしないのはなぜか。

日本が支援物資としてコメを拠出すれば、米国の市場を脅かすことになる。すると、「自分が米国に潰されたら大変」と、国民のためでなく、目先の地位の保身のために米国の顔色を伺っているのだ。

二〇〇八年の食料危機の際、日本が「備蓄米をフィリピンに三〇万トン送る」と言っただけで、急速に国際相場が下がったくらいだからだ。

コメの備蓄は消費量の一年分は必要と見立てて、国家戦略で食料安全保障の大義名分を立ててはどうか。

防衛費に一〇兆円規模の予算を使っているのだから、コメで安全保障に貢献できると考えれば安いものだ。

♣畑地化がはらむ危険な問題

田んぼ「潰し」予算にも触れておく。

二〇二三年度補正予算では、田んぼ潰しに七五〇億円が充てられている。

コメ需要が減少しているとして、一度限りの手切れ金の支払いで、政府は水田の畑地化も推進しようとしている。

むろん、麦や大豆の増産も重要である。しかし、水田の短絡的な畑地化推進は、実は危険な問題をはらんでいる。現場も知らず、短絡的で大局的見地に欠ける、あり得ない愚策だ。

一九〇九年、「土壌物理学の父」と呼ばれる、フランクリン・キング米国ウィスコンシン大学教授は、日本、中国、朝鮮への農業慣行調査旅行を行い、『東アジア四千年の永続農業：中国・朝鮮・日本』(農山漁村文化協会：元は『東亜四千年の農民』栗田書店・昭和一九年)という旅行記を著している。

元日本土壌学会会長の久馬《きゅうま》一剛《かずたけ》京都大学名誉教授の叙述から引いておこう。

に来たのだ」

（キングは）日本を経て中国へ近づきつつある船の中で、「われわれは、豊かな処女地をわずか三世代で疲弊させてしまうような農法の地から、三〇世紀にわたる作物栽培の後にもなお肥沃な土を維持し続けている別の農法をとる土地に来たのだ」

という感懐を漏らしている。また、日本の美しく整えられた水田地帯の景観を見て、「今日我が国の南部や南東部（大西洋沿岸諸州）で見られるようなすさまじい土壌侵食の如きは、極東では何処たりとも許されていない」

として、米国での土壌侵食による農地荒廃の激しさを憂えている。

ここからわかるように、一九世紀末から二〇世紀初頭にかけての米国農業は、豊かな処女地を求めての西漸の過程で、略奪農法による広範な土壌肥沃度の収奪と、表土の侵食による激しい土地荒廃に直面していた（https://www.ruralnet.or.jp/nongye/books/explanation1.pdf）。

穀物生産は、大きく分けると、コメ作りをする日本などのアジアモンスーン地域の水田農業と、小麦やトウモロコシなどを生産する欧米の畑作農業に二分される。ここで対比されているのが、この二つの農法である。

畑作農業は、同じ農地に毎年同じ作物を作ると収穫量が落ちてくる連作障害がある。これを避けるために、輪作が行われる。

一方、水田農業には連作障害は生じない。毎年同じコメを作付けしても収量は落ちず、輪作などは不要だ。

しかも、畑作は連作できないだけではない。

二〇世紀初頭の米国に限らず、現代の米国、オーストラリアなど、世界の畑作地域において、土壌流出や地下水枯渇、塩害といったさまざまな問題が生じることがわかっており、それが継続的な生産の大きな障害となっている。

すでに第三章でも見てきたとおり、緑の革命以降の農業技術（化学肥料の大量消費）の進展によって、土地の荒廃はさらに凄まじいことになっている。

こうした畑作農業に対して、水田耕作は、連作障害、土壌流出や地下水枯渇、塩害といった問題を持続的に解決してきたのである。しかも、それを四〇〇〇年の長きにわたって行ってきたのだ。

水田耕作はキング教授が驚嘆したとおり、連作障害やさまざまな畑作の問題も解決できる、極めて持続的な農業なのである。
さらに水田には、ほかにも多くの多面的な機能がある。

♣水田の多面的機能

コメの多面的機能については、二〇〇九年二月に発行された『農業と環境　No.１０６』（独立行政法人・農業環境技術研究所～二〇一六年から国立研究開発法人農業・食品産業技術総合研究機構～より発行）に、一〇のメリットとしてまとめられている。

①CO2排出量の低減効果

食料の輸送量×輸送距離を定量的に把握したものをフードマイレージというが、食料自給率が上がるということは、海外からの輸入が減り、フードマイレージが下がるということだ。食料を海外から輸送するための燃料が不要になり、CO2の排出量が減ることになる。

②水田稲作の優秀性

国内のコメ消費量が増え、国内のコメ生産量も増えるので、水田の稲作が活性化する。水田稲作は、少ない肥料で高い収穫をあげられるため、環境にやさしい。日本が世界にもっと誇るべき農法なのである。

③和食による健康維持効果（生活の質の向上）

コメ中心の和食は健康にいい。世界中で和食の良さが高く評価されるようになっている。コメ中心の食生活は、日本人全体の心身を健全にし、ＱＯＬ（生活の質）を高める。

④和食による健康維持効果（医療費削減）

和食を通じて日本国民が健康になれば、生活習慣病が予防される。すると、日本全体で三〇兆円とも言われる医療費を削減できる。

⑤連作障害が起こらない

水稲には連作障害が全く起こらないという大きな特長があり、コメを中心とした農業では、収量が安定し、安定した食料供給を可能にする。

⑥コメ農家の経営安定効果

農家にとって、コメは持続的に収穫が可能な、安定した農産物である。コメ中心の食生活によって、農家におけるコメの比率が増えれば、コメ農家経営の安定性が向上する。

経営が安定することで、農業従事者がより自信を持ち、高いモチベーションを維持できるため、農業の質も高まる。

⑦地域経済の活性化

地方に行くほど、経済において農業が占めるウエイトが大きくなる。コメをはじめとする国産農産物の消費拡大は、地方経済を活性化し、地域格差の是正につながる。

⑧水田の水源涵養効果

山や森に降った雨は、土壌に少しずつ染み込み、地下水となってゆっくり流れ出ていくことで、川などが急に増水し、洪水になるのを防ぐ効果をもたらす。これが水源涵養で、水田はこの水源涵養効果が高い。水田稲作が活性化されれば洪水防止につながり、国土の保存及び災害対策にもなる。異常気象が常態化し、毎年のように洪水被害が起こる日本において、必要な対策と言えるだろう。

⑨水田の水質浄化効果

水田には、水質を浄化する効果がある。とくに脱窒と呼ばれる、土壌中の窒素を大気へ放出する大変重要なメカニズムがある。水田稲作の復興は日本の水環境全体の保全につながる。

⑩水田の文化的価値

水田稲作は日本文化の礎であり、精神的な価値がある。景観の維持という面でも、水田稲作を継承し守り続けることの価値は計り知れない。

これらの示すところを多くの人たちに知ってほしい。コメ中心の食生活をもっともっと普及させることで、日本が抱える多くの課題を解決することが可能になるのだ。

♣水田が解決してくれるもの

例えば、貿易自由化のリスクの一つに、食料輸入と窒素過剰の問題がある。日本の農地が適正に循環できる窒素の限界は一二四万トンなのに、すでにその二倍近い二三八万トンの食料由来の窒素が環境に排出されている（農業環境技術研究所）。日本の農業が次第に縮小してきているので、日本の農地・草地が減って、窒素を循環する機能が低下してきているのだ。

その一方、日本は国内の三倍にも及ぶ農地を海外に借りているようなもので、そこからできた窒素などの栄養分だけ輸入しているから、日本の農業で循環しきれない窒素がどんどん国内の環境に入ってくることになる。

仮にコメ関税の撤廃で日本の水田がほとんど耕作放棄されてしまうような事態を想定すると、国家安全保障上のリスクに加えて、筆者の試算では、窒素の過剰率は現状の一・九倍から二・七倍まで上昇してしまう可能性がある。

他にも失うものは数多くある。

①カブトガニ・オタマジャクシ・アキアカネなど多くの生き物が激減し、生物多様性に大きな影響が出る

②フードマイレージが一〇倍に増える

③バーチャル・ウォーター（輸入されたコメを仮に日本で作ったとしたら、どれだけの水が必要かという仮想的な水必要量）も二二倍になり、水の比較的豊富な日本で水を節約して、水不足が深刻なカリフォルニアやオーストラリアで環境を酷使し、国際的な水需給を逼迫させる

などの可能性が試算されている。

言うまでもないが、水田耕作を続けていけば、これらのリスクをカバーすることにつながっていくのだ。

それに何より、コメには人を養う力がある。一〇粒の種モミが順調に育つと、七五〇〇～八〇〇〇粒に増えるとされている。つまり、七五〇～八〇〇倍の収穫が得られるのだ。

一方、一〇粒の小麦は、一〇〇～二〇〇粒と、せいぜい一〇～二〇倍にしか増えない。

この数値を比較すれば、いかにコメが多くの人間の「いのち」を支えるパワーを秘めている穀物か、よくわかるのではないだろうか。

♣コメを守り、国を守る

コメほど、日本に適した作物はない。コメが余るからといって、水田を潰してしまうのは、文字どおりの愚策である。

余ったコメは、人道支援にも使えるし、パンや麺を作ることもできれば、飼料への転用も可能で、なにより水田を維持することを優先すべきである。

水田があり、コメができることは命の安全保障の要であり、地域コミュニティも、文化も守り、洪水も止めてくれる。

こうした公共的な機能への対価が、コメの価格に反映できていない。

だからこそ、その役割に対しては、国民から集めた税金から政策的に農家に直接支払いするという政策が必要になる。

イタリアのロンバルジアの水田の話が象徴的である。

これまで触れてきたとおり、水田にはオタマジャクシが棲める生物多様性、ダムの代わりに貯水できる洪水防止機能、水をろ過してくれる機能等々がある。水田の機能に国民はお世話になっているが、それをコメの値段に反映しているか。十分反映できていないのなら、ただ乗りしてはいけない、自分たちがお金を集めて別途払おうじゃないか。

こうした意識が、税金から直接支払いを行う発想の根拠になったという。

こうした消費者の意識が、コメの値段と別に、コメに込められた多様な価値への対価を支払う直接支払いシステムを、EU全体で作り上げたのだ。わかりやすいから国民も納得して払えるし、生産者も誇りに思って作れる。こういうものは日本の政策には存在しない。

生産調整で農家を振り回して疲弊させてしまうのでなく、出口・需要を創るために財政出動する、需要創出に財政出動を、つまり、生産調整から販売調整に切り替える必要がある。

それによって、水田を水田としてフル活用しておけば、不測の事態への安全保障になる。

まず、稲作農家の生産コストに見合う支払い額が支払われていない事態を解消しなくてはならない。価格転嫁ができていないのは確かに是正したいが、あまり価格が上がったら消費者も苦しい。だからこそ、政策の役割がある。生産者に直接支払いをすることで所得を補填し、それによって消費者は安く買える。農家への直接支払いは消費者支援策でもあるのだ。

欧米は「価格支持＋直接支払い」を堅持しているのに、日本だけがどちらも手薄だ。欧米並みの直接支払いによる所得補填策と備蓄や国内外援助も含めた政府買い上げによる需要創出政策を早急に導入すべきであろう。欧米諸国は、この二つを組み合わせて、生産者と消費者の双方を支えている。日本も欧米並みの政策を導入しなくては、国民の命が守れなくなる日が近づいている

第八章　種をいかに守っていくか

♣改正・基本法にはなんと種の記述がない

驚くべきことだが、改正された新農業基本法には、種に関する記述が存在しない。

いったい政府は、農業においてもっとも基本的な要素である種を、これからどう扱っていくつもりなのか？　当然だが、記述がないのだから、全く見えてこない。

農業者の間からも、「種についてきちんと明記してほしい」などいった声が頻出していると聞く。

しかし、これまでのコメや種に対する政府のやり口を考えれば、これはある程度予想された事態であったとも言える。

公的な種子育種から民間の商業的種子への移行のための主要農作物種子法の廃止、農業競争力強化支援法による公共種子の譲渡の義務づけ、民間種子販売を妨げる農家の自家採種を制限するための種苗法の改悪、などなど、種はないがしろにされ続けてきたからである。

種の自給を奪い、日本の食料支配を完成させようとする力が、海の向こうから働いていいるのではないかと思わざるを得ないプロセスがあったのである。

ここでは、まず、種がないがしろにされてきたこれまでの経緯を振り返っておく。

二〇一八年四月に、非常に重要な法律が廃止された。

一九五二年五月に制定された種子法である。

正式名称を「主要農作物種子法」という。コメや麦、大豆という主要農作物についてでは国が予算措置をして、都道府県が優良な品種を開発し、安く安定的に農家に供給することを義務づけた法律である。優良な種子は国民に安定的な食料を提供するために欠かせない。だからこそ、「公共的な財として守っていこう」というのが種子法の基本的な考え方である。

優良な種子を育てるためには、農作物の栽培とは別に、種子のための育成をやっていく必要がある。

しかし、それには膨大な手間と費用が必要となる。育成にかかる時間は長く、一つの品種を開発するのに約一〇年、増殖には約四年かかると言われている。

これだけ手間のかかることなのだから、農家が農作物を作りながら、片手間に種子の育成をすることは難しい。そこで種子法によって、国民が生きるために欠かせない食糧であるコメ、麦、大豆の種子を国が管理すると義務づけることになったのである。

図 13　米国の種子費用の推移

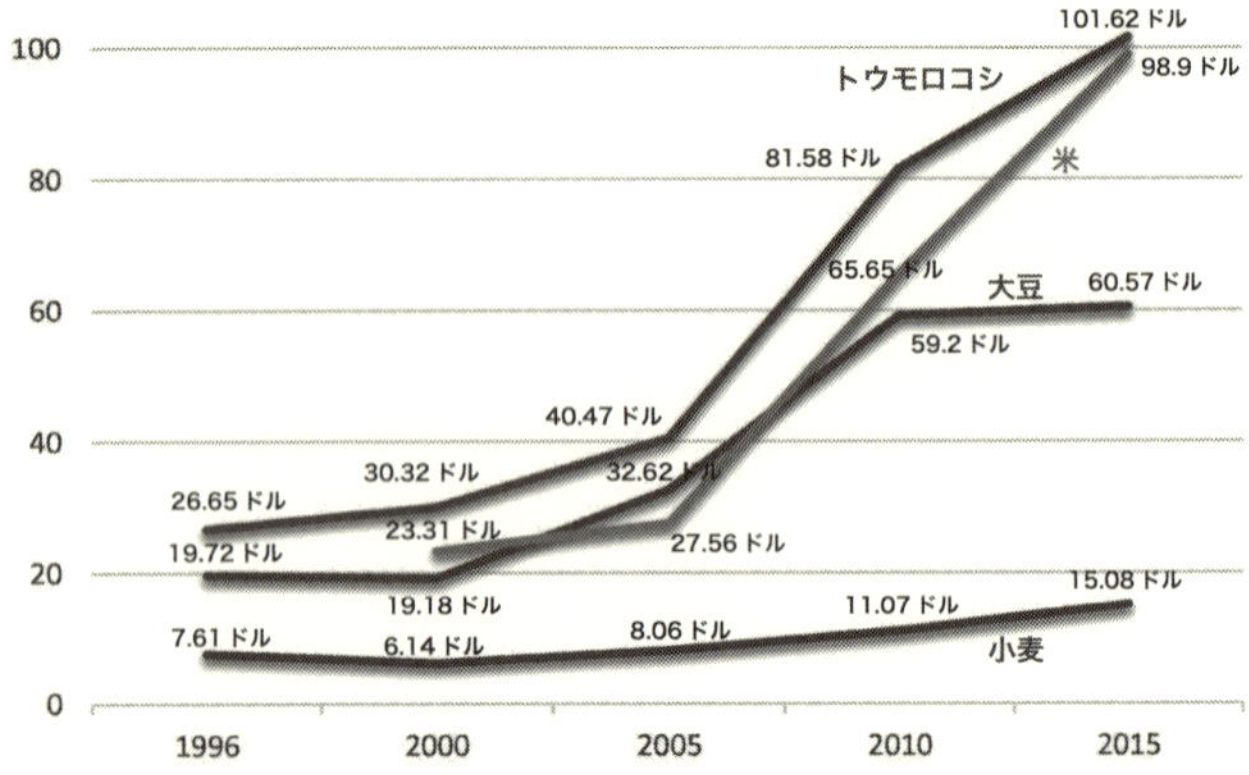

出所：米国農務省 ERS 統計資料と農民運動全国連合会資料より作成
2019 年 4 月 9 日 農林水産委員会配布資料 日本共産党 田村貴昭議員

種子の生産に携わるのは、各都道府県の農業試験場といった研究機関、採種農家などであった。国は、それらの運営に必要な予算を配ってきた。

各都道府県が各地域に適していると認めた優良な品種は「奨励品種」と呼ばれる。奨励品種は、農業試験場などの研究機関で育て、採種農家が増産。こうして作られた種子が、各農家に供給されるシステムである。

この法律が制定された時点では、要となる主要な食料の、その源となる良質の種子を安く提供するには、民間に任せるのではなく、国が責任を持つ必要があるとの判断もあった。

これを民間に任せてしまえば、公的に優良

種子を開発し、安価に普及させてきた機能が失われ、種子価格が高騰するということが懸念される。

実際、米国では、そのとおりのことが起こっている（図13参照）。

遺伝子組み換えの種子の急速な拡大の影響を受けて、大豆やトウモロコシの種子が三〜四倍に値上がりしている。公的種子が主流の小麦では、種子価格の値上がりは明らかに低く留まっている。

公的種子の重要性が、ここからもはっきりとわかるだろう。

♣種子法廃止の裏事情

しかし、なぜそんな大事な法律が廃止されるに至ったのか。

しかも、二〇一七年二月に閣議決定されると、四月にはスピード審議により瞬く間に可決されてしまったのである。

ろくに議論もなく、拙速に進められてしまった印象はどうしても否めない。

この種子法廃止は、まさに外国企業の意向に沿うものだった。

外国企業、すなわち、グローバル種子農薬企業（バイオメジャー）は「種を制するものは世界を制する」といって世界中の種を自分のものにし、それを買わないと生産できないような状況を作ろうとしてきた。

しかし実際には、そこまで話はうまく進まなかった。世界中の農家・市民が猛反発し、苦しくなってきたのである。

例えば、メキシコでは二〇一二年、政府が「種子を保存し次の耕作に備える」という先祖代々受け継いでいる行為を犯罪として禁止した。

バイオメジャーの意向を受けて、「政府に登録されている種子を毎年買うことを義務づける法案」を制定しようとしたのだが、農民の反撃により廃案となった。

コロンビアでは、「農民の種子の権利を奪う植物育苗法」が成立し、二〇一三年に施行。すでにこの時点で、コロンビアは米国との自由貿易協定により、米国産の安い穀物が輸入され、離農せざるをえない農民が続出していた。

そのうえ、種子の権利をも奪う法施行に抗して農民が立ち上がり、全国の主要幹線道路を封鎖し、学生や労働者も支援。国の交通網が麻痺する事態となり、コロンビア政府はこの法施行を二年間凍結せざるを得なくなった。

チリでも、ほぼ同様の法案が下院を通過する事態となったが、反モンサント、反ＧＭＯ（遺伝子組み換え作物）の運動が全国的に広がり、二〇一四年三月、同法案は廃案となった。

バイオメジャーによる種子支配の企みが行われてきた中南米では、このような手痛い反撃を受けて失敗を重ねてきたのである（https://www.chosyu-journal.jp/shakai/8086）。

その結果、「なんでもいうことを聞く日本で儲けようじゃないか」と、日本にどんどん要求が来るようになったのだ。

そして、「国がお金を出して、都道府県の試験場で良い種を作り農家に安く供給する、こんな事業はやめろ」と言われて、種子法が廃止されることになってしまった。ひどい話だ。

しかも、それだけではない。

♣貴重な種を外国に売り渡す流れが作られた

種子法廃止だけでは足りず、政府は、種子法廃止の前年の二〇一七年に、農業競争力支援法を成立させている。

これは、これまで「種子法」に基づいて国民の税金を投入して蓄積・開発してきたさまざまな種子に関する知見を、民間事業者へ譲り渡すことを促進するという法律である。

その民間事業者については外資も例外扱いしていない。つまり、海外企業、モンサントなどのバイオメジャーの参入に道を開くものだった。

さらに、彼らとしては種をもらっただけじゃ足りない。「農家が自家採種できると、次の年から種が売れなくなるので、自家採種を制限しろ」と言われて、種苗法の改悪も行われた。

種苗法とは、植物の新品種を開発した人が、それを利用する権利を独占できると定めた法律である。ただし、種の共有資源としての性質に鑑み、農家は自家採種してよいと認められていた（二一条二項）。

改正案では、その条項を削除して、農家であっても登録品種を無断で自家採種してはいけないことにしたのだ。

シャインマスカットの苗が中国・韓国に取られた事件があり、日本の種を守るためと称してこんな改悪をしたのだが、実際にやったことは「日本の大事な種を海外の大きな企業に渡していくような流れを自ら作っていった」だけなのである。

政府が農業競争力強化支援法の八条四項で「これまで開発した種を民間に譲渡する」としたうえ、さらに種苗法を改正し、種苗の開発権を持つ者が利益を得られる権利を強化した。それは「公共財」の種子を「民間」に差し出すだけでなく、ひいてはバイオメジャーに種子の独占権を与えることになりかねない。

国民の命の源となる種、例えば、主食であるコメの種にきちんとした対策が講じられなければ、海外企業に握られることになってしまうかもしれないということである。

そもそも、「日本で種採りをするのは非効率だ」という議論がある。

「日本で種採りするのは、圃場も狭くコストがかかるから非効率だ」「気候も悪いし、輸入のほうが安い」などと言って擁護するが、「物流が止まったらおしまい」だということをコロナ・ショックでも痛感したはずではなかったか。

「農水省は、『海外のリスクが低いところで種を作っているから大丈夫』だというが、先日、いつも使っているカリフラワーの種が手に入らなかった。ブラジルで気候変動、異常気象が響いて、種が作れていないということだった。ニュースを見ていても、日本以上に異常気象の被害は海外で出ている。それくらいなら、見えるところで作ったほうが安全だ」とある農業者が語っていたが、それは農家の正直な感想だろう。

「輸入が止まればとたんに窮してしまう」というリスクを勘案したら、国内生産のコストが少々高くとも食料や種は国内で自給することこそが安全保障で、長期的・総合的には一番安いのだ。

♣種を渡したが故の悲劇的事件とは？

種の問題に関して、一つの事件を見直しておきたい。

畳表の原料となるいぐさの栽培と畳表の生産は、熊本県の八代地方がメインの産地だったが、中国からいぐさが大量に入るようになったことで、平成九年、いぐさの大暴落が起こった。

借金に追われ、見通しがたたず追い詰められ自殺した人が五〇人を超えたとも言われる悲劇的な事件である。

小島尚貴《こじまなおたか》氏の『脱コスパ病〜さらば、自損型輸入』（扶桑社、二〇二三年）によれば、この事件の原因は、日本の企業が日本のいぐさの種と技術を中国に持ち出し、低コスト生産を行い、それを日本に輸入したことだった。

これは「外国にはもともと存在せず、日本で自給できていた農産加工品や軽工業品を、わざわざ人件費と製造コストが低い国に技術を提供して安く作らせ、日本市場のみに向けて調達」するという商行為である。

この輸入手法は、国産品より低価格で類似品を流通させて日本に経済内戦を仕掛けるようなもので、日本経済に半永久的な値下げ圧力を及ぼし続けるのみならず、国内産業を疲弊させ、我が国の企業収益、個人所得、税収を低下させ続ける結果をもたらす。

小島氏は、これを「自損型輸入」と名づけている。

小島氏は、「自損型輸入」を通じて流通する商品を、メディアが「コスパ、プチプラ」ともてはやし、お得だと誤解した消費者が国内産業を自滅に導く消費行動を「コスパ病」と呼んでいる。

日本の種や技術を日本企業が海外に持ち出し、安い食料や加工品を作って日本に輸入し、日本の産業を潰すのだから、文字どおりの愚行である。

その安さに飛びついた消費者は、自らの地域経済を破壊し、日本経済を衰退させ、自身の所得も減少させるという負の連鎖に加担することになる。それに気づくべきだと、小島氏は指摘している。

これは日本の企業がやったことだが、外国資本に種を渡せば、もっとひどいことが起こってもおかしくない。多くの方に、その怖さに気づいてほしいのである。

種を握ったグローバル種子農薬企業が、種と農薬をセットで買わせ、できた農産物を全量買い取り、販売ルートは確保するという形で農家を囲いこもうとする動きが起こってきてもおかしくない。

この「囲いこみ」に飲みこまれてしまうことは、地域の食料生産・流通・消費が企業の「支配下」におかれることを意味する。

農家は買い叩かれ、消費者は高く買わされ、地域の伝統的な種が衰退し、種の多様性も伝統的な食文化も壊され、異常気象や病虫害にも弱くなる。

我が国ではすでに、表示なしで野放しにされたゲノム編集も進行する可能性が高く、食の安全はさらに脅かされることになる。

♣種を守るために、何ができるか？

ウクライナ戦争で、世界最大規模で現代では復元できない数百年前の種も含めて、一六万種以上の種を保管していた、ウクライナ・ハルキウの「シードバンク」（種子銀行）がロシア軍の爆撃によって破壊されたとの報道があり、世界中から批判が噴出した。

人類は何千年もかけて品種改良を繰り返し、良い種を残してきた。多種多様な種を保存することによって、作物の単一化による不作や飢饉を防いできたのである。状況に応じて使える種を保存しておくことは、人類の繁栄に欠かせない。

保管してある種の全てが失われてはいないとしても、「長い歴史をかけて集積した『人類の共通財産』が壊された」と言っても過言ではないのだ。

こうして種の重要性がクローズアップされている最中に、筆者のところに複数の知人から、地域の種の保存・活用の拠点となる広島県ジーンバンク（「一般財団法人 広島県森林整備・農業振興財団の広島県農業ジーンバンク」）の事業継続が難しくなっているとの連絡が入ってきた。

広島県がこの貴重な事業の廃止を検討していることは、二〇一七年に報道され、明らかとなった。

ジーンバンクの運営は、二〇一三年度に、県森林整備・農業振興財団に移管しており、バンク設立時に約三億円あった運営基金の残高が、その当時で約五〇〇〇万円まで減少していた。また、当初は利息分を運営にあてていたが、金利の低下などで近年は取り崩しが続き、基金残高が底を突けば運営費を捻出できないという財政上の理由が廃止原因とされている。

そこであらためて、ジーンバンクの重要性について、全国展開の模範となっている広島県の農業ジーンバンクを例に考えたい。船越建明《ふなこしたつあき》・西川芳昭《にしかわよしあき》「広島県農業ジーンバンクの歴史と未来」『有機農業研究』（二〇一九）vol.11, No.1により、その意義をまとめておく。

失われつつある農産物種子の保存とその再活用を目的として広島県農業ジーンバンク（以下ジーンバンク）が設立されたのは一九八八年一二月である。「ローラー作戦」で県内をくまなく回って収集され、現在の保存点数は稲類約八〇〇〇、麦類約三〇〇〇、豆類約一六〇〇、雑穀・特作物約一〇〇〇、牧草・飼料作物類約二四〇〇、野菜類約二六〇〇、合計一八六〇〇点にのぼる。

国のジーンバンクも含め、一般的には研究者や育種の専門家にしか種子は渡されないが、広島の農業ジーンバンクは、借りた農家が翌年、栽培の結果の報告に加えて、配布を受けた種子と同量以上の種子を返却することを条件に、種子を貸し出してきた。

二〇〇九年から実施された「広島お宝野菜」プロジェクトでは、青大きゅうり、観音ねぎ、矢賀《やが》ちしゃ、川内《かわうち》ほうれんそう、笹木三月子大根《ささきさんがつこだいこん》などが、県内の農業生産法人等に有望な品種として提供され、地域活性化に繋げられた。

福山が原産地の青大きゅうりは、福山でも種子の入手が難しくなり、栽培者も消滅しかけていたが、ジーンバンクが種子を提供することで、旧世羅町で栽培が復活した。全国的に伝統野菜が人気を集めている。

広島の農業ジーンバンクは、伝統野菜復活を支える重要な基盤として機能してきた。広島県が世界に先駆けて設立した、農家に直接遺伝資源を還元できる、地域農業の基幹的インフラである農業ジーンバンク事業の復活が切に望まれる。


このように、種を守り、種を残すうえで重要な働きを続けてきたジーンバンクが危機に瀕している。その存続のための動きも始まっている。

川田龍平《かわだりゅうへい》参議院議員らによって、二〇二四年六月六日、参議院事務総長に対し、「地域在来品種等の種苗の保存及び利用等の促進に関する法律案」（いわゆる、ローカルフード法案）が提出された。

これは、地域で育んできた在来の種を守り、育て、その生産物を活用し、地域の安全・安心な食と食文化の維持と食料の安全保障につなげようという試みだ。

シードバンク、参加型認証システム、直売所、産直、学校給食（公共調達）、レストランなどが協力して種の保存・利用活動を支え、かつ、育種家・種採り農家・栽培農家・関連産業・消費者と一緒になって支え合う仕組みを創出することを目指している。

自治体予算の不足分を国が補完する根拠法として、ローカルフード法案が検討されている。市民、議会、生産者が協力して「地域のタネ」を守り、食料自給の好循環を全国各地で生み出していくこと。

すなわち、「食を通じて人と自然が共に調和する地域循環型食システムの構築」こそ、今の日本の農業に求められており、ローカルフード法案は、我々の食の未来を切り開く端緒となると考えられる。

♣改正種苗法に抗して何ができるか？

種子法廃止のその後の動きも見ておく。

二〇一九年五月、全国の農家ら約一三〇〇人が、「種子法廃止法が違憲でないか」と東京地裁に提訴した。

提訴の理由としては、民間企業の種子独占による価格高騰や、遺伝子組み換え作物による食の安全への不安などが挙げられている。

種子法は廃止されてしまったものの、目下のところ各自治体は非常に頑張っているといってもよいだろう。種子法に代わる条例（種子条例）を定め、種苗開発を続けられるような取り組みが、多くの都道府県で続けられているのだ。

改正された種苗法に抗する動きも追っておく（元農林水産大臣山田正彦《やまだまさひこ》氏の報告による）。

二〇二〇年一二月、種苗法が改正され、自家採種が制限された。海外では、種苗の自家採種は農民の権利であり、このように農民の権利が制限されているのは日本とイスラエルだけである（二〇二〇年一一月一二日国会農水省答弁）。

法律は施行されたものの、各都道府県、国は農家の重い負担を考慮し、取り締まりを原則猶予していた。

また、種苗法への対応策も検討されている。

種苗法改正による自家採種の制限に対しては、地方自治体で種苗条例を作ることで対応できる。

具体的には、

●自治体が条例で、地方の多様な在来品種を発掘調査し、保存・管理し、優良な在来種の品種登録をする

●農家の六～七割りは各都道府県の登録品種を栽培しているので、都道府県に育成者権利のある登録種苗については、条例で自家採種（増殖）を自由とする

●農業競争力強化支援法（八条四項）で各都道府県が企業から育種知見の提供を求められても、条例を制定すれば拒否できる

例えば、実際に沖縄県は、二〇二二年に種苗条例を制定している。

第七条に県の責務として「伝統的農作物の種苗の継承及び保存並びに活用」とあるので、県は在来種を品種登録する責任がある。

さらに、第八条では「企業から県の登録品種の知見の提供を求められたら必ず審議会を設置して、知事はその意見を聞かなければならない」となっている。

各都道府県で成立が進みつつある種子条例と共に、種苗条例の議論が積極的に行われ、種を守る動きが全国に広まり、深まっていくことを切に望みたい。

急がねばならない。取り締まりを原則猶予していたかに見えた国が、今、農家が登録品種を使っているかどうかを調べ上げる機関を作り、企業が農家を訴えるためのデータ整備を始めた。モンサント社が自社の遺伝子組み換えの種が勝手に使われていないかを調べて、農家を訴えるために作っていた「モンサント警察」のような私的警察を、日本は、何と、国が企業のために公的に肩代わりしようとしているのだ。

♣種は誰のものなのか？

この問いを、もう一度、問いなおす必要がある。

種は、私たち人類が何千年にもわたってみんなで守り育ててきたものである。

それらの思いが根づいた各地域の伝統的な種は、農家とその地域にとっての食文化とも結びついた一種の共有資源であり、個々の所有権にはなじまない。育成者権は、そもそも農家の皆さんにあるといってもよい。

種を改良しつつ守ってきた長年の営みには、莫大なコストと労力がかかっている。そうやって皆で引き継いできた種を、「今だけ、金だけ、自分だけ」のために企業が勝手に素材にして改良し、それを登録して儲けるための道具にするのは、「ただ乗り」して利益を独り占めする行為と同じである。だからこそ農家が種苗を自家増殖するのは、種苗の共有資源的な側面を考慮して守られるべき権利ということになる。

諸外国においても、米国では特許法で特許が取られている品種を除き、米国版の種苗法では自家増殖は禁止されていない。

EUでは、飼料作物・穀類・馬鈴薯（ジャガイモ）・油糧作物（油脂原料の大豆・菜種など）及び綿花等の繊維作物は、自家増殖禁止の例外に指定されている。さらに小規模農家は種を使用するときの許諾料が免除される。

オーストラリアは「知的所有権と公的利益のバランス」を掲げていて、原則は自家増殖することが可能で、育成者が契約で自家増殖を制限できるという（印鑰智哉《いんやくともや》氏・久保田裕《くぼたひろ》子《こ》氏）。

もちろん育種しても利益にならないのなら、やる人はいなくなる。

確かに「育種家の利益増大＝農家負担の増大」は必然である。しかし、農家の負担の増大は避けたい。

そこで、公共の出番である。

育種の努力が阻害されないような形で、良い育種が進めば一番だ。

育種を公共的に支援して、育種家の利益も確保し、使う農家も自家採種が続けられるように、育種の努力と使う農家の双方を公共政策が支えるべきではないだろうか。

地域の多様な種を守り、活用し、循環させ、食文化の維持と食料の安全保障につなげるために、みんなでどうすればいいか、知恵を出し合っていきたい。

ローカルフード法のように、シードバンク、参加型認証システム、有機給食などを活用して種の保存や利用活動を支え、育種家・種採り農家・栽培農家・消費者が共に繁栄できる公共的支援の枠組みが、いよいよ重要になってくると考えられる。

第九章　農を守ることこそ真の国防

♣生贄として差し出された日本農業

「日本の農業は、世界でもっとも過保護である」と日本国民に長らく刷り込まれてきた。だが、第四章でも解説したとおり、実態は、全くの逆であった。「世界でもっともセーフティーネットが欠如している」のが日本の農業なのである。

その結果として、日本では食料安全保障の崩壊が刻々と進みつつある。

期待された改正・基本法は、本書で見てきたとおり、現に今、苦しみつつある農業者に光をもたらすものになってはいない。

食料がなければ餓死者が出ることさえ予見されている時代に、もし危機が起こったときには、その場凌ぎのイモ作りしか策がないという。

なぜ、日本はこれほど命を守るのに脆弱な国になったのか。あらためて振り返っておく。

その要因の一つは、「終戦直後から米国が日本を余剰生産物の最終処分場とし、貿易自由化を押しつけて日本人に米国の農産物を食べさせる政策を進めた」ことである。

米国農産物に量的に依存するようになったことで、たとえそれらの農産物に健康上の不安（発がんリスクなど）があったとしても文句が言えなくなり、「もっと安全基準を緩めろ」と言われると従わざるを得ないほどに依存が強まってしまった。

「遺伝子組み換えでない」表示は禁止され、ゲノム編集は野放しとなった。米国のいいなりである。米国政府の後ろで儲けるのは一握りのグローバル穀物商社などの巨大企業だが、米国は彼らの利益のために動く日本人を作るため、日本の若者を米国に呼び寄せて「市場原理主義」なる経済学を教え込んだ。

シカゴ学派と言われる市場原理主義経済学は、「独占・寡占は一時的なものであり、取るに足りない」「独占であっても競争にさらされているので弊害は生じない」といった「屁理屈」で、市場原理にゆだねることを正当化しようとした。

しかし、現実の市場は独占・寡占が常態化している。実際に規制撤廃をすると、経済力の強い企業がより多くの利益を独占できるようになるのである。つまり、それは「〝一％〟の強者がもっと儲けられる社会にする」という経済学だ。

そういう学問を教えこまれた人たちが日本で増殖すれば、日本人が米国の思いどおりに勝手に動くようになる。残念なことに、そのとおりに歴史は進んでしまった。

日本側も、米国の利害にしっかりと応えるように、農産物の関税撤廃をお土産として米

図14　RCEPとTPP11による部門別生産額の変化

（億円）

	農業	うち青果物	自動車	（政府試算）農業生産量
RCEP	-5629	-856	29275	0
TPP11	-12645	-245	27628	0

資料：東大鈴木宣弘研究室による暫定試算値
注：1ドル＝109.51円で試算
政府試算では生産性向上策により農業生産量は変化しないと仮定

国に差し出し、その代わり日本は自動車などの輸出で利益を得ていこうとした。

筆者は農水省に一五年間いたが、農水省と経産省は犬猿の仲だった。

経産省は、自動車の輸出が伸びれば自分たちの天下り先も安泰だという短絡的な発想で、食料と農業を自動車のための「生贄《いけにえ》」にしたという見方さえある。

政府が使っている計量モデルで実際に計算すると、ＴＰＰやＲＣＥＰなど大きな貿易自由協定を一つ決めるごとに自動車は三兆円儲かり、農業は一兆数千億円を失うというように、損失が膨らんでいく結果になっている（図14参照）。

かくして、「食料など金を出せば買えるのだ。それが食料安全保障だ」という流れが日本の経済政策

（＝食料政策）の主流となった。

もう一つのがんは、財務省の「目先の歳出削減しか考えない財政政策」である。取る税金は上がり続けるが、使うほうは渋りに渋り、農業などは切り刻むだけの予算削減一本やりだ。

財務省は、米国の要請に呼応するかのように、食料と農業のための予算を、信じられないくらい減らしてきた。

農水予算は、一九七〇年には一兆円近くで、防衛予算の二倍近くあったが、五〇年経ってもまだ二兆円である。再生可能エネルギー固定価格買い取り制度（再生エネ電気買取制度）による二二年度の買い取り総額は四・二兆円で、これだけで農水省予算の二倍である。

国家安全保障の要は、軍事、食料、エネルギーと米国などでは言うが、その要の中でも一番の要の食料だけが、これほどないがしろにされてきたのである。

♣市場原理主義がもたらした「失われた三〇年」

欧米に比べて、食料・農業・農村への共感が日本人に希薄だとされる。

その主因の一つは、日本の歴史教科書から食料難の経験や農業・農村の重要性に関する記述がどんどん消されていったことにある。

こうした一連の流れは、日本の農業を当然苦しくする。食料の輸入が増え、自給率が下がり、食料危機にたえられない構造が形成されてきた。

なお、規制撤廃（自由化）をすればみんなが幸せになれるかのように吹聴されてきたが、実際には何が起こったのか。

すべてを市場に委ねるのがベストという「市場原理主義」がもたらしたのが、「失われた三〇年」である。

規制撤廃をすれば、貿易自由化をすれば、みんなが幸せになれると尻を叩かれて頑張ってきたが、実質賃金、実質所得は下がり続け、先進国で唯一、賃金も所得も下がりっぱなしの貧困国になった。それでも、市場原理主義の信者たちは「原因は、規制撤廃、貿易自由化が足りないからだ。もっと徹底しろ」と言い続けている。

改正された基本法でも、市場原理主義の信奉者にウケがいいことばかりが強調されているが、この「今だけ、金だけ、自分だけ」の人たちが見失っているのが安全保障のコストだ。

規制緩和で一部の企業が儲けても、農業を犠牲にして食べるものがなくなったら、いざというときに国民の命を守れない。地域も崩壊し、外国資本に日本が買われていくリスクも高まる。今や水源地も海も山も、どんどん外国資本が買い取っている。

♣日本の農政が少なくとも今やるべきことは？

農業の疲弊は農家の問題をはるかに超えて、消費者、国民全体の命の問題だと認識する必要がある。

不測の事態に国民の命を守ることを「国防」と定義するなら、食料を守ること、その源の種を守ることこそが、国民の命を守るための一番の国防である。

国民の命を守る安全保障のために必要な施策は、優先的に財源を確保するのが当然である。

欧州の主要国では、農業所得の九〇％以上が政府からの補助金だ。米国では、農業生産額に占める農業予算の割り合いが七五％を超える。

日本は両指標とも三〇％台であり、先進国で最低水準である。しかも、欧州諸国は所得の岩盤政策を強化しているのに対して、我が国はそれをいっそう手薄にしようとしている

図 15　各国の農業予算比較

	単位	日本	イギリス	フランス	ドイツ	米国
農業就業者1人当たりの農業予算額	円	758.114	1,649.429	2,500.429	1,728.039	7,696.073 2,905.708
	米国= 100	9.9	21.4	32.5	22.5	100.0
	順位	⑤	④	②	③	①
一農業経営体当たりの農業予算額	円	1,676.528	3,120.541	3,829.978	3,193.116	8,253.869 3,116.308
	米国= 100	20.3	37.8	46.4	38.7	100
	順位	⑤	④	②	③	①
一農業経営体当たりの直接支払い額（※2）	円	1,037.148	2,001.192	1,851.376	2,119.649	1,742.311
	米国= 100	59.5	114.9	106.3	121.7	100
	順位	⑤	②	③	①	④

（出所）国連統計（名目 GDP 等）、ILO 統計（農業就業者数）、WTO 通報（直接支払い額）、各国政府統計資料等

（※ 2）直接支払い額は WTO 通報より算出。EU 加盟国は全体で通報されており、ＥＵ加盟国別に通報していないため、フランス、ドイツ、イギリスの直接支払い額は、欧州委員会統計資料（EU spending and revenue）より算出

（※ 3）人口は 2018 年、農業就業者数は 2019 年、農業経営体数は 2020 年（イギリス、フランス、ドイツ、EU は 2016 年、米国は 2017 年）、直接支払い額は 2019 年（米国は 2020 年）

（※ 4）為替レートは 1 ドル 106.77 円（2020 年）で算出。1 ユーロ＝ 122.40 円（2020 年）（直接支払い額は 1 ユーロ＝ 122.04 円（2019 年）にて算出）（内閣府「海外経済データ」）

（※ 5）栄養支援プログラムとは、米国内の低所得者に対し、食品を購入できるよう支援するプログラム。表中上段は栄養支援プログラムを含む、順位は含んだものとした

2023.3.29　農水委員会　立憲民主党　篠原　孝議員資料

（図15参照）。

日本の政府予算は財務省によってガチガチに枠にはめられ、毎年わずかな額しか各省の予算は変更できない。これを機に、そうした日本の予算システムの欠陥を抜本的にあらためるべきではないだろうか。

食料を含めた大枠の安全保障予算を再編し、防衛予算から農業予算へのシフトを含めて、食料安全保障確立助成金を創設すべきときが来ている。

こうした点を踏まえて、少なくとも、

●収入保険の基準収入を固定する

●戸別所得補償制度の復活

●家族労働費を含む生産費をカバーできる、米価水準と市場価格との差額の全額を補填するような米国型の不足払いの仕組み（石破《いしば》元農水大臣が提案）の導入

など、農家が安心して、見通しを持って経営計画が立てられるようにする、こうした政策立案がぜひとも必要だろう。

国内農業支援を明確に打ち出し、それを具体化する関連法（ないし議員立法）も要る。基本法の関連法で、輸出、スマート農業、海外農業投資、農外資本比率を増やすことを具体化しようとするなら、関連法の一番に追加されるべきは、現在、農村現場で苦闘している、農業の担い手を支えて自給率向上を実現するための直接支払いなどの拡充を図る法案ではないか。

その柱は、

①農地が維持されることによる安全保障や多面的機能の発揮への基礎支払い
②農家所得を維持して消費者価格も抑制する追加支払い
③政府買い入れによる備蓄と国内外援助で、需給の最終調整弁を国が持つことなどになるだろう。

部分的ながら試算してみると、例えば、次のようになる。

①農地維持基礎支払い　一〇アール・三万円　四三二ヘクタールで　一・三兆円
②農業経営安定・消費者価格抑制追加支払い
コメ　六〇キログラム…三〇〇〇円（一〇アール三万円）　三五〇〇億円
牛乳　一キログラム…一〇円（一頭　一〇万円）　七五〇億円
③主要穀物及び乳製品の備蓄・援助買い入れ
コメ　六〇キログラム…一・二万円　五〇〇万トン　一兆円

総計　約二・七兆円

これだけの予算拡充で農業・農村は大きく「復活」し、日本の地域経済に好循環が生まれると考えられる。もともと農水予算は、物価を考慮した実質額では五兆円以上あったのだ。だから、以前に戻すだけだ。

関連法に代替する超党派の議員立法で、これらを実現する検討も進行中である。

防衛費に毎年一〇兆円規模の予算が確保されているのに対して、農水予算が二兆円程度で頭打ちにされているのは大きくバランスを欠いている。在庫処分の武器購入に何十兆円もかけるより、この財政支出を確保することこそが国民の命を守る安全保障ではないか。私たちは不測の事態に、トマホークとオスプレイとコオロギをかじって生き延びることはできない。今こそ、農林水産省予算の枠を超えて、安全保障予算という大枠で捉え、国民の食料と農業・農村を守るために、抜本的な政策と予算が不可欠である。

♣世界から置いていかれつつある日本

基本法改正に先んじて策定された、農水省の「みどりの食料システム戦略」（みどり戦略）

では、有機農業の大幅なシェア拡大を進めるという画期的な大方針が今後の日本農業の方向性として打ち出された。

しかし、基本法改正においては、環境負荷軽減について何ヵ所かで言及されているものの、有機農業という文言がどこにもなかった。

みどり戦略との整合性が大きく問われるところだが、最後に、有機農法の未来についても触れておきたい。日本の農業の今後を考えるとき、有機農法という要素を省くことはどうしてもできないからだ。

ＥＵの消費者が震源地となり、世界では減化学肥料、減農薬、有機（オーガニック）農業の潮流が一大ムーブメントになっている。ＥＵ委員会は、二〇二〇年五月、二〇三〇年間での一〇年間に「農薬の五〇％削減」、「化学肥料の二〇％削減」と「有機栽培面積の二五％への拡大」などの指針を打ち出している。

一方、米国も二〇二〇年二月、カーボンフットプリント（生産・流通・消費工程における二酸化炭素排出量）の大幅削減などを目標とする、二〇五〇年までの農業グリーン（環境負荷軽減）化計画を発表した。

有機農業が世界のトレンドになり、化学農薬を規制する流れは、当然ながら世界的な有機農産物市場の急速な拡大にもつながっている。

中国は即座に動いて、今やEU向けの有機農産物の輸出（二〇二〇年）は、四一五万トンで第一位となっている。日本は、わずか二トンで五二位である。中国は、有機農産物の生産量でも世界三位になっている。日本は、耕地面積における有機栽培面積はわずか〇・六%。非常に出遅れていることは明らかだった。

世界の農薬企業と規制当局との癒着の疑念などが広がったこともあり、特にEUの消費者は規制当局の「安全性」を信頼せず、化学農薬に対する独自の厳しい基準を採用する方向へ政府を動かしてきた。それに呼応して、EUへの農産物輸出国も厳しい基準値を採用するようになった。いつの間にか、日本が世界でもっとも農薬基準の緩い国になってきている。

それは、農水省の調査でも明らかになっている。

農水省が諸外国と日本との残留農薬基準値を比較する調査をし、各種の農薬の各国ごとの基準値が日本のほうが緩い場合を赤色に塗った表を一三の作物ごとに作成した。すると、どの品目もほとんど「真っ赤」になる衝撃の結果となったという（一例として、苺の結果を二〇四ページの図16に掲載。日本のほうが緩い個所を網掛け）。

図 16　諸外国と日本との残留農薬基準値
（苺の基準値の部分的な抜粋）

農薬の有効成分	基準値（mg /kg）			
	シンガポール	マレーシア	インドネシア	タイ
1,3- ジクロロプロペン	不検出	0.01	基準値なし	0.01
2,4-D	0.1	0.1	基準値なし	0.1
4- クロルフェノキシ酢酸	不検出	0.01	基準値なし	0.01
BHC	不検出	0.01	基準値なし	0.01
DBEDC	不検出	0.01	基準値なし	0.01
DDT	不検出	0.01	基準値なし	0.01
EPTC	不検出	0.01	基準値なし	0.01
MCPA	不検出	0.01	基準値なし	0.01
MCPB	不検出	0.01	基準値なし	不検出
γ -BHC	不検出	0.01	基準値なし	0.01
アイオキシニル	不検出	0.01	基準値なし	0.01
アクリナトリン	不検出	0.01	基準値なし	0.01
アシノナピル	不検出	0.01	基準値なし	0.01
アシベンゾラル S- メチル	不検出	0.01	基準値なし	0.01
アセキノシル	不検出	0.01	基準値なし	0.01
アセタミプリド	0.5	0.5	0.5	0.5
アゾキシストロビン	10	10	10	10
アトラジン	0.05	0.01	基準値なし	0.01
アバメクチン	0.15	0.15	0.02	0.15
アミスルブロム	不検出	0.01	基準値なし	0.01
アラクロール	0.05	0.01	基準値なし	0.01
アラニカルブ	不検出	0.01	基準値なし	0.01

※網かけしてある部分は、日本のほうが残留農薬の基準が甘い

出所：持続可能な農業―みどりの食料システム戦略と有機農業―減農薬，有機農業をめぐる世界の潮流とみどりの食料システム戦略

図 16　諸外国と日本との残留農薬基準値
（苺の基準値の部分的な抜粋）

農薬の有効成分	基準値（mg /kg）				
	日本	CODEX	台湾	韓国	中国
1,3- ジクロロプロペン	0.01	-	不検出	0.01	基準値なし
2,4-D	0.05	0.1	0.1	0.05 ※	0.1
4- クロルフェノキシ酢酸	0.02	-	不検出	0.01	基準値なし
BHC	0.2	-	不検出	0.01	基準値なし
DBEDC	20	-	不検出	0.01	基準値なし
DDT	0.2	-	不検出	0.01	0.05
EPTC	0.1	-	不検出	0.01	基準値なし
MCPA	0.05	-	不検出	0.01	基準値なし
0.MCPB	0.2	-	不検出	0.01 ※	基準値なし
γ -BHC	2	-	不検出	0.01	基準値なし
アイオキシニル	0.1	-	不検出	0.01	基準値なし
アクリナトリン	0.3	-	不検出	1.0	基準値なし
アシノナピル	2	-	不検出	3.0	基準値なし
アシベンゾラル S- メチル	0.2	-	不検出	0.01	0.15
アセキノシル	2	-	不検出	1.0	基準値なし
アセタミプリド	3	0.5	1.0	1.0	2
アゾキシストロビン	10	10	2.0	1.0	10
アトラジン	0.02	-	不検出	0.01	基準値なし
アバメクチン	0.2	0.15	0.02	0.1	0.02
アミスルブロム	0.05	-	2.0	2.0	基準値なし
アラクロール	0.01	-	0.01	0.05	基準値なし
アラニカルブ	2	-	不検出	0.01	基準値なし

※網かけしてある部分は、日本のほうが残留農薬の基準が甘い

世界の新たな潮流に直面して、日本農産物の「安全神話」は崩壊しつつある。近年、EUを中心にアジアなどでも進む農薬の使用基準の強化に、日本が取り残されつつあるのである。

♣みどり戦略の危ぶまれる傾向とは？

こうした大きな流れの中で出てきたのが、農水省の「みどりの食料システム戦略」（みどり戦略）だった。

みどり戦略において、二〇五〇年までに稲作を主体とした有機栽培面積を二五％（一〇〇ヘクタール）にまで拡大し、化学農薬五割減、化学肥料三割減を打ち出したのである。

私が農水省にいたころは、有機農業について口にするだけで奇人変人扱いだったので、隔世の感がある。関係者の長年の努力が実ったと言っていいだろう。

長期の目標なので総論賛成ができた側面もあるが、有機農業を半ば異端児的に無視してきた時代が長くあった、農水省内の異論も克服されたようである。

農水省、農薬企業、ＪＡが長期的な方向性について世界潮流への対応（代替農薬、代替肥料へのシフト）の必要性の認識を共有して、大目標に向けて合意できた意義は大きいと考えられる。

こうして、目指すべき地点ができたことは素晴らしいが、グローバル農薬企業はさらに先を読み、化学農薬にかわる次世代農薬としてＲＮＡ（遺伝子操作）農薬の開発を進め、これを使って日本でビジネスをやろうとしている。そのため日本の有機農業にＲＮＡ農薬を認めさせるという動きになっている。

しかも日本はゲノム編集を大推進しているので、同時に有機農業も進めたら、ゲノム編集の種も有機農業に認めなければならないという流れが当然出てくる。

しかし、そもそも化学農薬でないからといって、遺伝子操作農薬が有機栽培に認められることになったら、有機栽培の本質が損なわれるのではないだろうか。

また、予期せぬ遺伝子損傷などで世界的にリスクが指摘されているゲノム編集についても、無批判的に推進の方向を打ち出している点にも問題が多い。

さらに、計画では、有機農業は二〇三五年まで伝統的な技術で低空飛行を続け、結局、栽培面積は一・五七％しか増えないとされている。ただ、その後の二〇数年で進めるデジタル農業で、一気に面積を増やしていくという想定になっている。

ビル・ゲイツ氏は、二〇二一年九月の国連食料サミットを、無人化したデジタル農業のキックオフにしようとしていたとの情報さえある。日本の「みどり戦略」もそこでお披露目されたのである。

ビル・ゲイツ氏は今や米国最大の農場所有者になり、マクドナルドの食材もその農場が供給しているというニュースが米国で流れた。さらに、彼は日本の農場も買い始めているという。ビル・ゲイツ氏らが思い描く巨大農場では、農業者のいないデジタル農業が支配的となり、投資家だけが利益をむさぼる。そんな世界に組み込まれていくことがあってはならない。

重要なのは、今ある有機農業の優れた技術を共有し、生産者や消費者、協同組合などが連携し合って展開していくことだ。狭い日本で、「規模を拡大して効率化すれば海外と同じ土俵で戦える」などという絵空事をいっている場合ではないのである。

本物を作り、それを支えていく消費者と生産者の連携による強い農業を作らなければいけない。「安ければいい」で国内の農産物を買い叩いていけば、そのうち何も食べるものがなくなっていく。

効率性から人を排除しかねないスマート農業・デジタル農業の新技術開発に注力しすぎ

ず、立ち止まることも必要だ。

本当に持続できるのは、人にも牛（豚、鶏）にも環境にも優しい、無理しない農業ではないだろうか。

♣消費者が生産を守る取り組み・地域からできること

有機農業というと、皆さん、あるイメージ（偏見）をお持ちではないだろうか。「環境に優しい農業をやりたくても、草取りの労力もかかり、収量も減るのでは、とても有機農法なんぞやっていけない」という不安だ。

だが、無理しない農業、自然の摂理に従った農業を追求していけば、生産要素が最大限の力を発揮し、だんだん収量も上がり、一番効率的だという「アグロエコロジー」の考え方が広がり、そうした農法がすでに実践され始めている。

例えば、北海道の根釧《こんせん》地域の放牧酪農では、頭数は慣行酪農の半分にも満たないが、農業所得はほとんど変わらないまで得られるようになっている。現在のように、購入飼料代が高騰すると、所得は放牧酪農のほうが大きくなる。

同じく北海道足寄《あしょろ》町の放牧酪農は、他のどんな農業よりも経済的であることがわかり、参入希望者は順番待ちになっている。

都府県では、千葉県のT牧場のように、飼料のトウモロコシをほぼ全部コメに替えて、コメ中心で輸入飼料を一割しか使わない方法を定着させ、飼料が高騰しても影響が小さい経営を築いている。

稲作では、千葉県いすみ市が有機米を学校給食用として買い取る政策をしている。その技術指導をしたのは、民間稲作研究所の稲葉光國《いなばみつくに》氏（故人）だ。稲葉氏が開発した「抑草法」（二度代かき、成苗一本植えなどで雑草を抑える）による有機稲作は、慣行栽培の六倍以上の一〇アール当たり所得と、一〇ヘクタール以上の経営が実現できるとのデータがある。

四国では、慣行栽培から有機栽培に段階的にスムーズに移行でき、しかも、収量は慣行栽培より増え（一〇アール当たり八俵→一〇俵に）、草も生えてこないようにできるやり方を、生協と農協と市が連携して進めている。九州でも、自然栽培で収量が増えた実例もある。

すでにある、優れた有機農業技術の普及の重要性が軽視されてはなるまい。

だから有機農業で遺伝子操作を認めたり、スマート農業で進めたりする代わりに、既存の優れた農法をいかにマニュアル化して、多くの農業者へと普及できるかを考えていくことが鍵となってくるだろう。

もう一つ強調しておきたいことがある。私が聞いたところでは、みどり戦略が数値目標として提示している有機減農薬・無農薬農業に取り組む耕地面積目標一〇〇万ヘクタールのほとんどを、農水省の担当者は「水田で考えている」と明言しているということだ。

有機農業を広めていくうえで、大前提となるのは水田を残すことなのだ。

そして、水田と合わせて有畜や耕畜連携の可能性にかけるのが、日本の未来を切り開く基軸になるだろう。

「日本農業の未来は大規模化や輸出だ」という政府方針は一面的に過ぎる。そうなると化学肥料に頼る現実を突破できないし、好ましくない技術化やイノベーション（技術革新）に頼らざるを得なくなるおそれがある。

この節でも紹介してきたような、家族経営の農家が地域で知恵と技術を出し合い、有機農業の可能性を達成していくことも重要であり、消費者もそれを支えてほしい。

♣もう一度、循環型の農業を作ろう

もし食料危機がやってきて、海外から食料が入ってこなくても、国内の資源で安全、高品質な食料供給ができる循環型の農業を目指していく方向性は、今、必要になっている。

世界一過保護だとウソをつかれて、本当は保護なしでここまで頑張ってきたのが、日本の農業者なのだ。その頑張りにより、今でも世界一〇位の農業生産額を保っている。

しかも我々はすでに江戸時代、自然資源を徹底的に循環させる日本農業を作った実績がある。

作家の石川英輔《いしかわえいすけ》氏の説によれば、江戸時代の日本は、生活に使う物資やエネルギーのほぼすべてを植物資源に依存していた。

鎖国政策により資源の出入りがなかった日本では、さまざまな工夫を凝らして再生可能な植物資源を最大限に利用する、独自の循環型社会を築き上げた。

植物は太陽エネルギーとCO_2、土、水で成長するから、言い換えれば江戸時代は太陽エネルギーに支えられていた時代だということもできる。

この循環型の社会では、文字どおり、一〇〇％の自給率が実現されていた。

この物質循環の仕組みは、日本にやってきたヨーロッパ人を驚嘆させた。

スイス人のマロンが帰国した際の報告に接した、肥料学の大家リービッヒ（一八〇三〜七三、ドイツ）は、「日本の農業の基本は、土壌から収穫物に持ち出した全植物栄養分を完全に償還することにある」と的確に表現したという。

幕末に日本に来た西洋人は、質素ながらも地域の人々が支え合いながら暮らす日本社会に「豊かさ」を感じ、絶賛した。

昔の人は、「三里四方の食によれば病知らず」と言っていた。三里とは約一二キロメートルだが、それほど身近な地域で栽培された野菜を食べていれば、健康で長生きできる、という意味である。

場所によっては「四里四方」「五里四方」なども言った。

これは三里〜五里まで、地域によって野菜の移動距離に違いがあったことを示している。

言い換えれば、それくらい日本では食と社会のあり方が一体化し、地場の食料を地産地消するシステムが機能していたと考えられる。

江戸時代を必要以上に称えるつもりはないが、スマート農業などの言葉に浮かれて、将来大きく躓いてしまうその前に、我々はここで踏みとどまって、「豊かさとは何か」をあらためて問い直すときが来ていることは間違いない。

緊急レポート　令和の米騒動

コメ不足は猛暑のせいではない！
～農家を苦しめる政策が根本原因

♣米価高騰でも「コメは余っている」と言い続ける無責任

二〇二四年、「過剰、過剰」と言われたコメが、突如「足りない」と言われ始め、急速にコメ不足が顕在化してしまった。

主な要因として、

①昨年（二〇二三年）の猛暑で良質米が減った
②インバウンド需要の増加
③海外へのコメ輸出が二割増
④南海トラフ地震の注意報などによる買いだめ

などが挙げられている。特に、昨年の猛暑による減産・品質低下と訪日客の急増による需給ひっ迫が主因と言われる。

図 17　稲作農家の所得

	農業所得	時給
2020年	17.9万円	181円
2021年	1万円	10円
2022年	1万円	10円

出所：農林水産省

しかし、猛暑やインバウンドのせいにして、本質を覆い隠してはならない。

確かに一等米比率が下がったのは流通量を減少させたが、作況指数七四の一九九三年の大凶作に比べたら、二〇二三年の不作の程度は、はるかに軽微だった。インバウンド需要の増加も、コロナ前に戻ったわけで、想定外の増加と言えるものではない。

問題は、なぜ、このような比較的軽微な需給の変動で、大きなコメ不足が顕在化してしまったのかということである。

根底には、稲作農家の平均所得が一万円（時給にすると一〇円）というような事態に追い込んでいる「今だけ、金だけ、自分だけ」の「三だけ主義」の取引と、コスト高に対応できない政策の欠陥がある。新米が市場に十分に出回ってくれれば、当面は需給のひっ迫は緩和されると見込まれる。しかし長期的には、政策の失敗の是正をしないと、コメ不足が頻繁に起こりかねないことを認識する必要がある。

少しの供給減や需要増で、コメ不足が顕在化してしまう根本原因は、

①農家への減反要請
②水田の畑地化推進
③過剰が理由の低米価
④コスト高でも農家支援はしない
⑤政府備蓄の運用の不備

などである。

過剰を理由に、

①生産者には生産調整強化を要請し
②水田を畑にしたら一回限りの「手切れ金」を支給するとして田んぼ潰しを始め
③小売り・流通業界も安く買い叩き
④政府は農家の赤字補填を放置している

そのため農家が苦しみ、米生産が減ってきていることが根底にある。さらに、

⑤増産を奨励し、コメの政府備蓄を増やしていれば、その放出で調整できるのに、それをしない

だから、対応できないのだ。しかも、九〇万トン程度の政府備蓄はあるのだから、それを放出する用意があると言うだけで市場は安定化できるのに、それを否定した。

大きな理由は、

①「コメは余っている」と言ってきたのに、備蓄放出で「コメ不足」を認めることは、こけんにかかわる

②そもそも、需給調整は市場に委ねるべきものとし、コメを過剰時に買い上げて不足時に放出する役割は担わず、よほどの事態でないと主食用の放出は行わない方針が決まっているので、「この程度」ではできない

要は、「コメ不足とは認めない」ということだろう。

それにしても、「コメの流通の円滑化を」と卸売り業者などに要請し、国がやるのは子ども食堂へのわずかな備蓄米供出の拡充だけなら、「国は何もしない」と言っているだけである。自分たちのメンツが先に来てしまうようでは、農家も国民ももたない。

確かに、政府在庫の放出は、場当たり的にやると市場を混乱させる。「コメの在庫状況がこの水準を下回ったら放出する」、というのを明確な数値で制度化しておけば、皆、それを織り込んで計画的に行動できる。農家の赤字がこの水準を超えたら補填するというのも同じで、農家は経営計画を立てられる。政策が動くのをあらかじめ予見できるような、システマティックな仕組みが必要だ。

中国は今、米国との関係悪化による戦争に備えて食料備蓄を増やすとして、中国の人口一四億人が一年半食べられるだけの穀物を買い占め始めているという。一方、日本の穀物備蓄は、コメを中心に一・五～二ヵ月だ。

日本は、国内のコメの生産力も十分あるのだから、もっと増産して備蓄すればいい。そうすれば、今回のようなときに余裕をもって対応できる。コメは減反が続いて、今は七〇〇万トンくらいしか作っていないが、日本の水田をフル活用すれば一三〇〇万トン以上作れる。そうすれば、一年半とは言わなくても、日本人がしっかりと一年くらいは食べられるだけの備蓄は、コメを中心にできる。

倉庫で備蓄するだけでなく、高騰した海外飼料に代わる飼料米、小麦の代替の米粉パンなど、子ども食堂やフードバンクを通じた国内援助米、海外への援助米、などでコメの需要、出口は拡充できる。

規模拡大でコストダウンして輸出米を大幅に増やそうという見解もあるが、これは難しい。日本の土地条件で、いくら規模を拡大しても、コストは海外のようには下がらない。本書の一五二ページのグラフを参照してほしい。

日本で一〇〇ヘクタールの稲作経営もあるが、それは水田が一〇〇ヵ所以上に分散している。だから、規模拡大してても効率化できずに、コストが下がらなくなってくる（二〇ヘクタール以上になると六〇キログラム当たり生産費が上昇）。一方、オーストラリアは一面一区画の圃場《ほじょう》が一〇〇ヘクタール。全く別世界だ。稲作農家が赤字でいなくなってしまいそうなときに、輸出の議論をしている場合だろうか。

とにかく、生産調整で農家を振り回して疲弊させてしまうのでなく、出口・需要を創るために財政出動をする、つまり、生産調整から販売調整に切り替える必要がある。それによって、水田を水田としてフル活用しておけば、不測の事態への安全保障になる。

「そんな金がどこにある」と財務省が言えばおしまいになるが、これこそよく考えてほしい。米国の在庫処分と言われるトマホークを買うのに、総額約四三兆円も使うお金があるというなら、仮に何兆円を使ってでも、まず命を守る食料をしっかりと国内で確保するべきだ。そのほうが、安全保障の一丁目一番地である。こういう議論をきちんとやらなくてはいけない。食料の備蓄費用は、安全保障のコストだと認識すべきだ。

まず、稲作農家の生産コストに見合う額が支払われていない事態を解消しなくてはならない。価格転嫁ができていないのは確かに是正したいが、あまり価格が上がったら消費者も苦しい。**だからこそ、政策の役割がある。生産者に直接支払いをすることで所得を補填し、それによって消費者は安く買える。**

欧米は「価格支持＋直接支払い」を堅持しているのに、日本だけはどちらも手薄だ。欧米並みの直接支払いによる所得補填策と備蓄や国内外援助も含めた、政府買い上げによる需要創出政策を早急に導入すべきであろう。欧米諸国は、この二つを組み合わせて、生産者と消費者の双方を支えている。日本も欧米並みの政策を導入しなくては、国民の命が守れなくなる日が近づいている。

♣農家がどれだけ苦しんでいるか

どれだけ、稲作農家が苦しんでいるか。実際に、農水省公表の経営収支統計を確認すると、農家の疲弊の厳しさに驚く。二〇二〇年で、稲作農家が一年働いて手元に残る所得

図 17　稲作経営収支（2022 年）

区分	水田作付延べ面積	農業従事者数	労働時間	経営主の平均年齢	農業経営収支		
		計	自営農業		粗利益	経営費	所得
					⑦	⑧	⑨=⑦-⑧
	(2)	(3)	(6)	(8)	(1)	(3)	(5)
	a	人	時間	歳	千円	千円	千円
水田作経営主体	278.8	3.76	1,003	69.8	3,783	3,773	10
個人経営	221.1	3.51	889	69.8	3,017	3,047	▲ 30
法人経営	3,315	17	6,914	67.0	44,053	42,007	2,046

出所：農林水産省「農業経営統計調査」

は一戸平均一七・九万円で、自分の労働への対価は時給にすると一八一円。二〇二一年、二〇二二年は、両年とも、所得は一万円、時給で一〇円というところまで来ている（図17参照）。

ある稲作農家は話してくれた。「家族農業の米作りは、『自作のコメを食べたい』『先祖からの農地は何としても守る』という心意気だけが支えているように感じています」と。

酪農経営も深刻な事態である。酪農経営では、平均で所得はマイナス、特に、酪農業界を牽引して規模拡大してきた最大規模階層（平均三三〇頭）では、赤字が平均で

図 18　酪農経営、肉用牛経営の経営収支（2022 年）

区分	1）営農累計規模	農業従事者数	労働時間	経営主の平均年齢	農業経営収支		
		計	自営農業		粗収益	経営費	所得
	(2)	(3)	(6)	(8)	(1)	(3)	(5)
	頭、羽	人	時間	歳	千円	千円	千円
酪農経営	70.9	5.11	8,087	58.0	93,789	94,277	▲ 488
50 頭未満	28.9	3.36	4,707	62.1	34,604	33.953	651
50 ～ 100	66.2	5.09	7,717	55.1	86,358	82,166	4,192
100 ～ 200	126.3	7.40	12,320	51.6	181,635	186,552	▲ 4,917
200 頭以上	334..8	15.36	30,014	50.6	442,843	463,511	▲ 20,668
肉用牛経営	67.6	3.92	4,245	65.2	43,767	44,150	▲ 383
200 頭未満	32.4	3.55	3,520	65.6	21,356	21,232	124
200 ～ 500	282.5	7.33	10,852	57.2	213,585	211,471	2,114
500 頭以上	1,299.4	13.51	25,276	59.7	757,660	787,432	▲ 29,772

出所：農林水産省「農業経営統計調査」

二〇〇〇万円を超えている（図18参照）。

確かに、新米の価格も上がっているが、それでも、生産者米価は二万円／六〇キログラム前後。

これは、三〇年前の水準に戻っただけで、その間にコストは何倍にも上がったのだから、やっとトントンか、まだ赤字である。

もっと支援して増産してもらい、政府備蓄も増やさないと、農家ももたないし、国民ももたない。

♣今後も放置すると「基本法」で定め、果ては「有事立法」

さらに、農業の憲法たる「基本法」を二五年ぶりに改正したことで、誤った政策を改善するどころか、「非効率な農家まで支援して食料自給率を上げる必要はない」し、「政策は十分であり、潰れる者は潰れればよい」「農業・農村の疲弊はやむを得ない」「一部の企業が輸出やスマート農業で儲かればそれでよい」という方向性を打ち出した。

しかも、この深刻な総崩れの事態を放置して、支援策は出さずに、有事には、罰則で脅して強制増産させる「有事立法」を準備して凌ぐのだという。

そんなことができるわけもないし、していいわけもない。

有事立法と並んで、もう一つの目玉政策とされたのが、コスト上昇を流通段階でスライドして上乗せしていくのを政府が誘導する制度であった。しかし、この制度を参考にしたフランスでも、Ｅｇａｌｉｍ２法の実効性には疑問も呈されているし、小売り主導の強い日本ではなおさらであることは当初から明白であった。

案の定、無理なことがわかったから、協議会で指標などを作成し、みんなで取り組みましょう、という姿勢を示して、お茶を濁すことが模索されている。そのための予算も計上されるようだが、実効性のないことを有用と見せかけるために、無駄な予算を使うべきではない。そもそも、消費者負担にも限界があるから、それを埋めることこそが政策の役割と思うが、あくまで民間に委ねようとする姿勢で、国は支援しない。

フードテックの推進も、今頑張っている農業を地球温暖化の主犯として、農家の退場を促すかのようにして、一部の企業の次の儲けにつながる、昆虫食、培養肉、人工肉、無人農場などを推進するとしている。

今、農村現場で頑張っている人々は支援せず、支えず、農家を退場させて、一部の企業の利益につながるような政策を推進するというのは、フードテック推進にも、改正基本法にも共通する流れだ。

このようなことを続けたら、農業・農村は破壊され、国民に対する質と量の両面の食料安全保障も損なわれる。これほどに日本の地域と国民の命をおろそかにしてまで、一部企業の利益を重んじることが追求される。

どうして、ここまで「今だけ、金だけ、自分だけ」の政治になってしまったのだろうか。農水省自身が、当たり前のようにこのような説明をしている。

日米の

・「今だけ、金だけ、自分だけ」のオトモダチ企業（軍事、医療も含む）
・財務省（予算削減）
・経産省（企業利益追求）

の力が強くなり、農水省の独自性が問われている。農水予算を削減して、農業・農村の破壊を放置し、一部の企業利益のみが追求される。「財務省経済産業局農業課」（三橋貴明《みつはしたかあき》氏）との声がある。以前の農水省はもっと食料・農業・農村のために闘った。今や、その主張は財務省、経産省とほぼ同じだ。奮起しなければ、国民の農も食も命も守れない。

♣国内酪農を疲弊させ、輸入で賄う愚

酪農も同じだ。過剰、過剰と言われたが、二〇二四年にはバターが足りないと騒がれた。前年の猛暑による減産のせいだというが、根本原因は別にある。

過剰在庫を理由に、次のようなことが起こっている。

①酪農家には減産を要請する

②乳牛を処分したら一時金を支給するとして、乳牛減らしを始める
③酪農家の赤字補填はせず、逆に、脱脂粉乳の在庫減らしのためとして、酪農家に重い負担金を拠出させる
④小売り・加工業界も乳価引き上げを渋ったため、廃業も増え、生乳の生産が減ってきている
⑤増産を奨励し、政府がバター・脱脂粉乳の政府在庫を増やしていれば、その買い入れと放出で調整できるのに、それをしない

このようなことだから、不足に対応できないのだ。その結果、酪農家を苦しめた失政のツケを、さらに輸入を増やすことで、いっそう酪農家を苦しめる形で対応するというのだから、あきれる。

輸入を国産に置き換えて自給率を高めるべきときに、国産を減らさせて輸入で賄うという「逆行政策」が進んでいる。

♣ついに牛乳も消え始めた？　メンツのために「不足」を認めない愚

生産現場の疲弊を顧みずに、「余っている」と言い続け、減産要請（水田潰せ、牛殺せ）、低価格、赤字の放置、備蓄運用をしない、といった短絡的な政策が、「コメ不足」「バター不足」を顕在化させた。それでも、メンツのために「不足ではない」と言い張り、傷口を広げてしまっている。

特に、今、「コメ不足」が大問題になっているが、ついに「飲む牛乳も消え始めたのか？」と心配される、「スーパーが牛乳の欠品を知らせる張り紙をしている」写真を、福岡の知人からいただいた。これは台風などによる物流の停滞が主因だったと思われるが、長期的には、このような事態も絵空事ではなくなりかねない。

今こそ国内の生乳生産を増やし、危機に備えて国民の命を守る体制強化が急務のはずだ。だが酪農家は、飼料価格や肥料価格は二倍近く、燃料も五割高が続いて赤字が膨らんでいる。さらに、国が「余っているから、牛乳を搾るな。牛を殺せ」というのでは、まさに「セルフ兵糧攻め」だ。生産を立て直して自給率を上げなければならないときに、みずからそれをそぎ落とすような政策をやってきた。

他の国では逆だ。コロナ危機で在庫が増えたのは、買いたくても買えない人が増えたからであって、実際には足りていない。だから農家には頑張って増産してもらい、それを政府の責任で子ども食堂やフードバンクに届け、国内外に人道援助物資として届ける。そのように出口（需要）を政府が創出し、消費者も農家もともに助ける政策への財政出動を各国はやっている。米国・カナダ・EUでは、設定された最低限価格で政府が乳製品を買い上げ、国内外の援助に回す仕組みを維持している。

日本が国内在庫を国内外の援助に使わないのはなぜか？　かつて、〝国士〟と言われた農水大臣が周囲の反対を押し切って脱脂粉乳の在庫を途上国の援助に出したが、米国の市場を奪ったとして逆鱗に触れたとの説がある。彼はもうこの世にはいない。そのため、政治行政の側には農家や国民の心配よりも、自分の地位や保身の心配ばかりしている状況がありはしないか。

日本だけは、酪農では「脱脂粉乳の在庫が過剰だから、ホルスタインを一頭処分すれば一五万円払うから、四万頭殺せ」などという政策を打ち出した。そんなことをやれば、そのうち需給がひっ迫して足りなくなるのは当然で、そのときになって慌てても牛の種付けをして牛乳が搾れるようになるまで少なくとも三年近くはかかる。そして、すでにバターが足りないと言い始めた。

そもそも、二〇一四年のバター不足で、国は増産を促し、農家は借金して増産に応じたのに、今度は「余ったから搾るな」と、二階に上げて梯子《はしご》を外すようなことをやる。不足と過剰への場当たり的な対応を要請され、酪農家は翻弄され、疲弊してきた歴史をもう繰り返してはならない。酪農家が限界にきている。

牛は水道の蛇口ではない。時間のズレが生じて、生産調整は必ずチグハグになる。生産調整、減産をやめて、販売調整、出口対策こそ不可欠だ。増産してもらって、国の責任で備蓄も増やし、フードバンクや子ども食堂にも届け、海外支援にも活用すれば、消費者も生産者も、皆が助かり、食料危機にも備えられるのに、それを放棄した。

不足が明らかになってきても、「減産要請をしたのに簡単に方向性を変えたら、こけんにかかわる」かのように、減産要請を続け、バターの輸入を増やして対応した。そして、ついに、飲む牛乳さえも不足し始めたのかと心配される状況だ。

二〇二三年一月二三日のクローズアップ現代など、NHKも「酪農の疲弊を放置すれば、お子さんに牛乳を飲ませられなくなる事態が近づく」と何度も報道してくれた。ついに、それが現実味を帯びてきた。
役人のメンツのために、農家と国民、子どもたちを犠牲にしてはならない。

「オレンジ・牛肉ショック」の深層
～貿易自由化と消費者選択

「コメ・バター不足」の原因を、猛暑とインバウンドだと説明するのは表層的であり、農家を疲弊させる政策の結果であることを認識すべきだと述べたが、「オレンジ・牛肉ショック」についても同様の視点が必要である。

♣オレンジ・牛肉の異変

「オレンジ・牛肉ショック」が起こっている。

・ブラジルや米国の天候不順などによるオレンジの不作で、オレンジジュースの店頭価格が高騰
・米国産の供給減と円安、中国などとの「買い負け」で、国産と輸入牛肉の価格が逆転し、焼肉店の倒産が多発

している。

これらの背景にある根本原因は何か。

①米国からの貿易自由化要求に応え続けてきた政策の結果
②「輸入に頼り過ぎている」消費者の選択の結果

だということを認識すべきである。

♣米国依存構造

オーストラリア産のオレンジは、ここ数年で大きく輸入量を増やしたが、オレンジの輸入先は長らく米国の独占状態だった。オレンジ果汁はブラジルに大きく依存している。地球温暖化により世界中で異常気象が「通常気象化」し、干ばつや洪水が至るところで起こ

りやすくなっている。オレンジに限らず、不作の頻度の高まりが予想される。日本の輸入牛肉は、米国産への依存度が高い。年間輸入量五〇万〜六〇万トンの四割りを占め、その代表格は、牛丼店や焼き肉店で主力の冷凍バラ肉だ。こうした米国を中心とした「輸入に頼り過ぎる」構造は、なぜ生じたのか。

♣日米牛肉・オレンジ交渉

輸入依存構造の大元は、米国からの度重なる圧力だ。米国からの余剰農産物を受け入れるための貿易自由化は、戦後の占領政策で始まった。日本の自動車などの対米輸出増による貿易赤字に反発する、米国からの一層の農産物輸入自由化要求の象徴的な交渉が、一九七七、八三、八八年の第一〜三次「日米牛肉・オレンジ交渉」だった。

系譜は次のとおりである（外務省ＨＰ）。

・一九七七年　第一次交渉

↓七八年、数量合意（八三年度には上を達成すべく拡大。牛肉：八三年度三万トン、オレンジ：八万トン、オレンジジュース：六五〇〇トン）。

図 19　日本の残存輸入数量制限品目（農林水産物）と食料自給率の推移

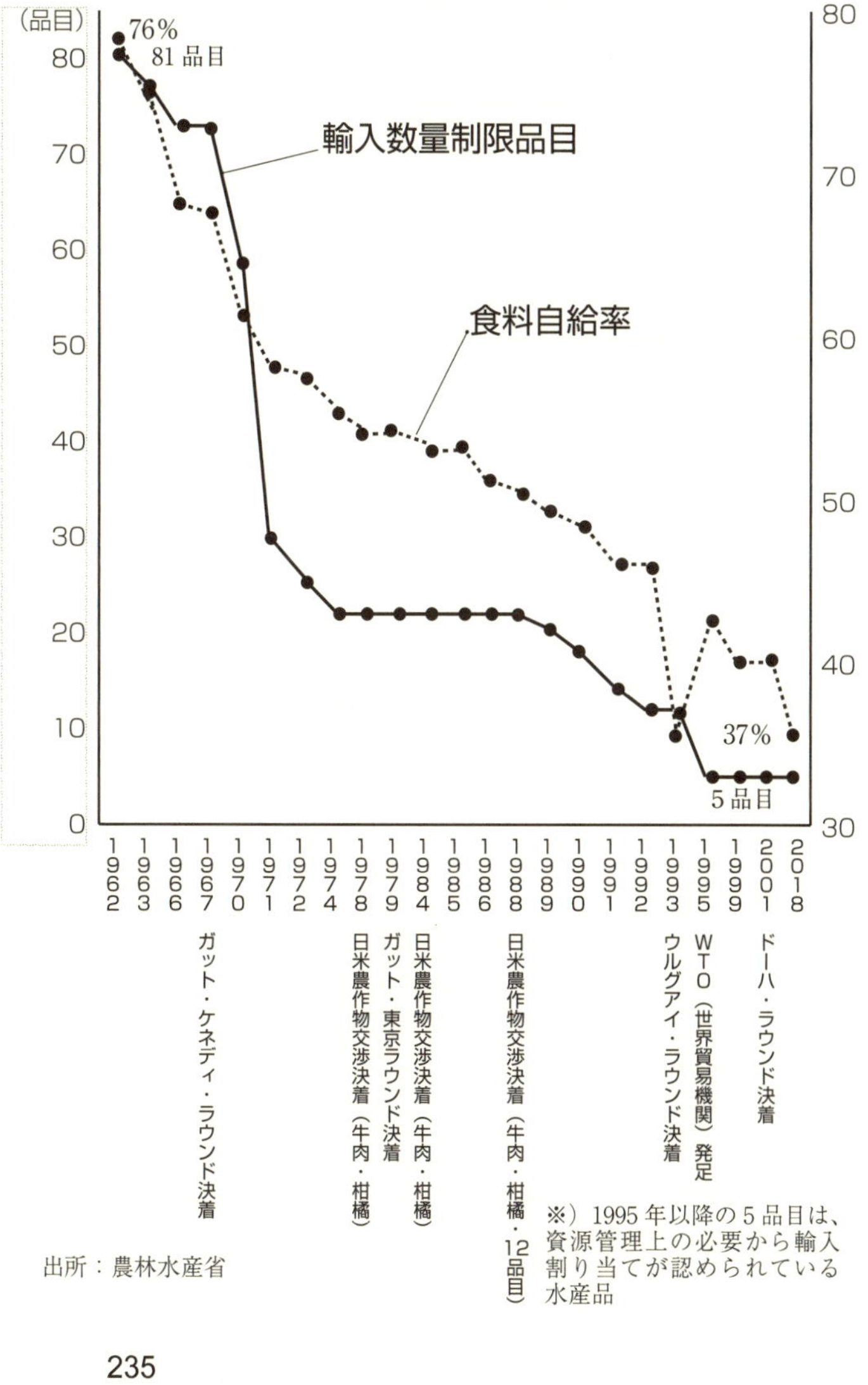

※）1995 年以降の 5 品目は、資源管理上の必要から輸入割り当てが認められている水産品

出所：農林水産省

・一九八三年　第二次牛肉・オレンジ交渉（数量拡大要求）

→八四年、牛肉につき八八年度までに年間六九〇〇トンずつ増加させることで合意。

・一九八八年　第三次牛肉・オレンジ交渉（輸入割り当て撤廃、関税化を行い、税率を段階的に引き下げ）、最終合意

→牛肉：九一年度七〇％、九二年度六〇％、九三年度五〇％（急増の場合：＋二五％）、オレンジについては三年、オレンジジュースについては四年で自由化（輸入枠の撤廃と関税率の引き下げ）。

米国を主軸とした農産物貿易自由化交渉の進展と、日本の食料自給率の低下には明瞭な関係があることは、二三五ページの図19からも読み取れる。その総仕上げは、二〇一五年のＴＰＰ合意だ。牛肉は最終的に九％の関税まで引き下げ、オレンジの生果とジュースの関税は段階的に撤廃することが合意された。

♣国産ミカンの激減、牛肉自給率の低下

米国などから安い輸入品が押し寄せ、競合する温州ミカンなどは壊滅的な打撃を受けた。故・山下惣一《やましたそういち》氏曰く、

「ピーク時には一七万ヘクタール、三六〇万トンもあったミカンは四万二千ヘクタールの八〇万ｔまで減っています。新興産地のわが村では大小合わせて一〇〇戸の農家がミカンを植えましたが、現在残っているのはわが家を含めて四戸です。（中略）日本のミカンは自由化で強くなったとアホなことを言う人がいますがとんでもない話で現在に至るまでには死屍累々の世界があったわけで、これはどの分野でも同じでしょう。「儲かる農業」などと簡単に気安く言うな。私はそう言いたいですよ。」（※）

牛肉についても、「国内農家への打撃が懸念されたが、牛肉では危機感を持った畜産農家などが品質向上に努め、世界に知られる『和牛』ブランドが育った」（日本経済新聞）との評価もあるが、今や、自給率は三五％（飼料自給率を考慮すると一〇％）前後にまで低下しているのだ。

（※）https://www.jacom.or.jp/noukyo/tokusyu/2017/01/170104-31746.php

♣今こそ身近な農畜産物を大切にしよう

だから、オレンジも牛肉も、ひとたび海外で何かが起これば、国民が一気に困る状況になっている。オレンジ・牛肉ショックはこの現実を見せつけている。米国からの畳みかける貿易自由化要求に応じてきた結果であり、発がん性も指摘される防カビ剤や成長ホルモンのリスクも指摘されているにもかかわらず、「見かけの安さ」に国民が目を奪われてきた結果でもある。

しかも、今や国産の農畜産物のほうが米国産より安くなってきている。国産は高いから買えないと言っていた消費者には、牛肉も国産のほうが安いし、キャベツは四分の一、トマトは半分の価格になっている現実を見てほしい。「いつでも安く輸入できる時代」が終焉を迎えている今こそ、身近で安全・安心な国産、地元産に目を向け、農業・農村を支える想いと行動を共有したい。

おわりに

国家観なき歳出削減からの脱却～農と食と命を守る政策の実現に向けて

最近、財政当局の農業予算に対する考え方が次のように示された。

・農業予算が多すぎる
・飼料米補助をやめよ
・低米価に耐えられる構造転換
・備蓄米を減らせ
・食料自給率を重視するな

そこには歳出削減しか念頭になく、現状認識、大局的見地の欠如が懸念される。

一九七〇年の段階で一兆円近くあり、防衛予算の二倍近くだった農水予算は、五〇年以上たった今も二兆円ほどで、国家予算比で一二％近くから二％弱までに減らされてきた。一〇兆円規模に膨れ上がった防衛予算との格差は大きい。

軍事・食料・エネルギーが国家存立の三本柱とも言われるが、中でも一番命に直結する安全保障（国防）の要は食料・農業だ。その予算が減らされ続け、かつ、世界的食料争奪戦の激化と国内農業の疲弊の深刻化の下で、まだ高水準だという認識は国家戦略の欠如だ。海外からの穀物輸入も不安視される中、水田を水田として維持して飼料米も増産することが安全保障上も不可欠との方針で進めてきた飼料米助成は、まさに国家戦略のはずだ。それを、二階に上げて梯子《はしご》を外すように、金額が増えてきたから終了というだけの論理は破綻している。

また、規模拡大とコスト削減は必要だが、日本の土地条件では限界があることを無視した議論は空論だ。日本にも一〇〇ヘクタールの稲作経営はあるが、水田が一〇〇ヵ所以上に分散し、規模拡大をしてもコストが下がらなくなる（稲作も二〇ヘクタール以上になると六〇キログラム当たり生産費が上昇し始める）。

中国は、一四億人の人口が一年半食べられるだけの食料備蓄に乗り出している。世界情勢悪化の中、一・五ヵ月分程度のコメ備蓄で、不測の事態に子どもたちの命を守れるわけがない。今こそ総力をあげて増産し、備蓄も増やすのが不可欠なときに、備蓄を減らせという話がなぜ出てくるのか。

「いつでもお金を出せば安く輸入できる」時代が終わった今こそ、国民の食料は国内で賄う「国消国産」、食料自給率の向上が不可欠で、投入すべき安全保障コストの最優先課題のはずなのに、食料自給率向上に予算をかけるのは非効率だ、輸入すればよい、という論理は、危機認識力と国民の命を守る視点の欠如だ。

そして、これらの考え方が、二五年ぶりに改正された食料・農業・農村基本法にも色濃く反映されていることが事態の深刻さを物語る。

農業・農村を守る政策実現に新たな展望～超党派の国民運動が収斂するか

この状況は絶望的にも見える。

しかし、この局面を打開できる希望の光も見えてきている。

・二〇〇九年石破プランと戸別所得補償制度

二〇〇九年、当時の石破農水大臣が、二〇〇八年に筆者が刊行した『現代の食料・農業問題─誤解から打開へ』（創森社）を三度熟読され、この本を論拠にして農政改革を実行したいと表明された。

拙著での提案、及び二〇〇九年九月一五日に石破大臣が発表した「米政策の第二次シミュレーション結果と米政策改革の方向」の政策案の骨子は、

「生産調整を廃止に向けて緩和していき、農家に必要な生産費をカバーできる米価（努力目標）水準と市場米価の差額を全額補填する。それに必要な費用は三五〇〇～四〇〇〇億円で、生産者と消費者の双方を助けて、食料安全保障に資する政策は可能である」

というものだった。

これは、その直後に起こった政権交代で、民主党政権が提案していた「戸別所得補償制度」に引き継がれることになった。

食料安全保障確立基礎支払いと食料安全保障推進法（仮称）

そして筆者は、スイスの農業政策体系に着目した。食料安全保障のための土台部分になる「供給補償支払い」の充実（農家への直接支払いの一／三を基礎支払いに集約）と、これを補完する直接支払い（景観、環境、生物多様性への配慮などのレベルに応じた加算）の組み合わせだ。

それを基にして、「食料安全保障確立基礎支払い」として、普段から、耕種作物には農地一〇アール当たり、畜産には家畜単位当たりの基礎支払いを行うことを提案した。その上に多面的機能支払いなどを加算するとともに、生産費上昇や価格低下による赤字幅に応じた加算メカニズムを組み込む。

かつ、食料需給調整の最終調整弁は政府の役割とし、下限価格を下回った場合には、穀物や乳製品の政府買い入れを発動し、備蓄積み増しや国内外の人道支援物資として活用する仕組みを整備することも加えて、これらをまとめた超党派の議員立法「食料安全保障推進法」（仮称）の可能性を提起した。

農家だけを助ける直接支払いではなく、消費者も助け、国民全体の食料安全保障のための支払いであることを理解しやすくする意味で「食料安全保障確立基礎支払い」というネーミングも重要と考えた。そして、筆者が理事長を務める食料安全保障推進財団も活用し、各方面に働きかけることにした。

超党派での農業政策実現の機運

月二〇回前後の全国各地での講演に加え、ほぼ全ての政党から勉強会の要請があったので、各党で話をさせていただいた。国民民主党の勉強会では、この考え方を取り入れて政策を組み立てたいとの賛同をいただいた。自民党（積極財政議員連盟）、立憲民主党、共産党、れいわ新選組、日本維新の会、社民党、参政党など、ほぼすべての政党から基本的な方向性に強い賛同をいただいたと理解している。

そして、超党派の協同組合振興研究議員連盟がこれに着目してくれて、事務局長の立憲民主党の小山展弘《こやまのぶひろ》議員を中心に内閣法制局とも打ち合わせを重ね、自民党の積極財政議員連盟の支柱である城内実《きうちみのる》議員（現・経済安全保障大臣）も賛同してくれ、議員連盟会長の森山裕《もりやまひろし》議員（現・自民党幹事長）にも話をさせていただいた。

三本柱となる施策のイメージは、

①食料安全保障のベースになる農地一〇アールあたりの基礎支払いを行う
②コスト上昇や価格下落による経営の悪化を是正する支払いで補完する
③増産したコメや乳製品の政府買い上げを行い、備蓄積み増しや国内外の援助などに回す

というものである。

以上からわかるように、農業・農村を守る政策の方向性は、与野党を問わず収斂してきている。二〇〇九年に石破農水大臣が発表した農政プラン、戸別所得補償制度、食料安全保障確立基礎支払いの基本概念には共通項がある。与野党が拮抗する政治情勢下で、こうした政策を超党派の国民運動で実現できる機運が高まっていると思われる。期待したい。

そして、本書を閉じるにあたって、もう一度強調しておきたい。

日本の食料自給率は、種や肥料の自給率の低さも考慮すると、三八%どころか最悪一〇%あるかないか。海外からの物流が停止したら、「世界で最も餓死者が出るのが日本」との試算もある。国際情勢は、「お金を出せばいつでも食料が輸入できる時代」の終わりを告げている。

かたや、日本の農家の平均年齢は六八・七歳。あと一〇年で、日本の農業・農村の多くが崩壊しかねない。しかも、農家は生産コスト高による赤字に苦しみ、廃業が加速している。これでは、不測の事態に子どもたちの命は守れない。私達に残された時間は多くない。

二五年ぶりに農政の「憲法」たる基本法が改定されたが、〝食料自給率向上に向けた支援策〟を打ち出すどころか、農業・農村の疲弊はやむを得ないとして、〝一部の企業が輸出やスマート農業で儲かればよい方向性〟を打ち出した。しかも、支援はしないが、有事には、農家を罰則で脅して強制増産させる「有事立法」を制定し、これで大丈夫だと言っている。そんなことができるわけもないし、していいわけもない。

このようなことを続けたら、農業・農村は破壊され、国民に対する量と質の両面の食料安全保障も損なわれる。こうした動きから私たちが子どもたちの未来を守るには、消費者の行動が重要である。安いものにはわけがある。リスクのある輸入品でなく、今こそ身近な地元の安全・安心な農産物を支えよう。地域の種を守り、生産から消費まで「運命共同体」として地域循環的に農と食を支える「ローカル自給圏（＊1）」の構築を、全国各地で急がねばならない。

一つの核は、学校給食に安全・安心な地場産農産物の公共調達を進めることである。農

（＊1）小谷あゆみさんなどの用語

分担して耕そう。

家と市民が一体化して「飢えるか、植えるか」運動（＊2）を展開し、耕作放棄地は皆で

〝世界一過保護〟と誤解され、本当は〝世界一保護なし〟で踏ん張ってきたのが日本の農家だ。その頑張りで、今でも世界一〇位の農業生産額を達成している日本の農家は、まさに「精鋭」である。誇りと自信を持ち、これからも家族と国民を守る決意を新たにしよう。

江戸時代に、〝地域資源を徹底的に循環する農業〟で、世界を驚嘆させた実績もある。我々は世界の先駆者だ。その底力を今こそ発揮しよう。国民も農家と共に生産に参画し、一緒に作って、一緒に食べて、未来につなげよう。

不測の事態に、トマホークとオスプレイとコオロギをかじって生き延びることはできない。いざというときに国民の命を守るのを「国防」というなら、「農業・農村を守り、食料を守ること」こそが一番の国防だ。農林水産業は、国民の命、環境・資源、地域、国土・国境を守る安全保障の柱、国民国家存立の要である。

「農は国の本なり」。

二〇二五年立春

鈴木宣弘

（＊2）佐伯康人さんなどの用語

鈴木宣弘（すずき・のぶひろ）

東京大学大学院農学生命科学研究科特任教授・名誉教授。1958年生まれ。三重県志摩市出身。東京大学農学部卒。

農林水産省に15年ほど勤務した後、学界へ転じる。九州大学農学部助教授、九州大学大学院農学研究院教授などを経て、2006年9月から東京大学教授、2024年から現職。1998年～2010年夏期はコーネル大学客員助教授、教授。主な著書に『農業消滅～農政の失敗がまねく国家存亡の危機』（平凡社新書、2021年）、『食の戦争～米国の罠に落ちる日本』（文春新書、2013年）、『世界で最初に飢えるのは日本～食の安全保障をどう守るか』（講談社、2022年）などがある。

食の属国日本
～命を守る農業再生～

2025年　3月9日　　第1版第1刷発行
2025年　6月2日　　第1版第2刷発行

著 者　鈴　木　宣　弘
©2025 Nobuhiro Suzuki
発行者　高　橋　　考
発行所　三　和　書　籍
〒112-0013　東京都文京区音羽2-2-2
TEL 03-5395-4630　FAX 03-5395-4632
sanwa@sanwa-co.com
https://www.sanwa-co.com

印刷所／製本　中央精版印刷株式会社

乱丁、落丁本はお取り替えいたします。価格はカバーに表示してあります。

ISBN978-4-86251-583-4　C0031